浙江省建设工程造价参考指标

（二）未来社区场景

ZHEJIANG SHENG JIANSHE GONGCHENG ZAOJIA CANKAO ZHIBIAO
（ER）WEILAI SHEQU CHANGJING

浙江省建设工程造价管理总站　编

中国计划出版社

2024　北　京

图书在版编目（CIP）数据
浙江省建设工程造价参考指标. 二, 未来社区场景 / 浙江省建设工程造价管理总站编. -- 北京 : 中国计划出版社, 2024. 12. -- ISBN 978-7-5182-1751-9
Ⅰ. TU723.32
中国国家版本馆CIP数据核字第2024FF2784号

责任编辑：张文征
封面设计：韩可斌
责任印制：李　晨

中国计划出版社出版发行
网址：www.jhpress.com
地址：北京市西城区木樨地北里甲 11 号国宏大厦 C 座 4 层
邮政编码：100038　电话:(010)63906433(发行部)
三河富华印刷包装有限公司印刷

880mm × 1230mm　1/16　7.25 印张　219 千字
2024 年 12 月第 1 版　2024 年 12 月第 1 次印刷

定价：42.00 元

浙江省建设工程造价管理总站文件

浙建站科〔2024〕1号

关于印发《浙江省建设工程造价参考指标》（二）未来社区场景》的通知

各有关单位:

为深入实施浙江省委、省政府关于高质量发展建设共同富裕示范区战略部署，助推我省未来社区建设，根据《浙江省未来社区（完整社区）创建评价指标体系》、《建设工程造价指标采集分析标准》DBJ33/T 1294—2023等精神，我站组织编制了《浙江省建设工程造价参考指标（二）未来社区场景》并通过审定，现予以印发。

《浙江省建设工程造价参考指标（二）未来社区场景》可作为政府管理部门在投资估算及初步设计概算审批的参考依据，也可作为市场各方主体在项目决策、投资控制、快速报价等方面的参考，可与《浙江省建设工程造价参考指标（一）房屋建筑与市政工程》配套使用。

浙江省建设工程造价管理总站

2024年12月3日

前　言

为深入实施浙江省委、省政府关于高质量发展建设共同富裕示范区战略部署，加快全域推进未来社区建设，有效深化拓展工程造价成果转化应用，我站依据《浙江省未来社区（完整社区）创建评价指标体系》、《建设工程造价指标采集分析标准》DBJ33/T 1294—2023开展《浙江省建设工程造价参考指标（二）未来社区场景》的编制，积极推进浙江省建设工程造价指标体系构建与数字化应用项目的建设。

《浙江省建设工程造价参考指标（二）未来社区场景》可与《浙江省建设工程造价参考指标（一）房屋建筑与市政工程》配套使用。

浙江省建设工程造价管理总站

2024年12月

编制单位及编审人员名单

主 编 单 位： 浙江省建设工程造价管理总站

参 编 单 位： 宁波市建筑市场管理服务总站
杭州市建设工程招标造价服务中心
衢州市建设造价管理站
湖州市建设工程质量安全和造价管理服务中心
浙江省建筑设计研究院有限公司
浙江信达咨询监理有限公司
万邦工程管理咨询有限公司
中国电建集团华东勘察设计研究院有限公司
中国联合工程有限公司
浙江建设投资集团股份有限公司
耀华建设管理有限公司
华诚工程咨询集团有限公司
浙江华是科技股份有限公司
杭州恒正造价工程师事务所
衢州市公共资源交易中心
浙江中衡信工程咨询有限公司

主要编制人员：

李　萍	徐　成	庄建波	蔡临申	蔡立峰	孔宏伟
喻　咏	王　奇	吴玉儿	何粉叶	洪纯珩	周顺华
张　玲	孙华建	董　磊	谈勇勇	范　荣	骆忠祥
杨沛然	童起宏	颜万春	王　耀	徐　可	车朝杰
吕倩倩	何　颖	祝丽妃	袁维锋	黄杨波	叶佳赟
张火明	颜素娜				

审　　定： 游劲秋　季　挺

顾　　问： 李江波　田忠玉　何薛平

总 说 明

为加快全域推进未来社区建设，浙江省建设工程造价管理总站组织编制了《浙江省建设工程造价参考指标（二）未来社区场景》（以下简称“本指标”）。本指标使用说明如下：

一、本指标以国家现行计价与计量规范、浙江省 2018 版计价依据、国家及浙江省现行工程建设标准等为依据，以近年来浙江省未来社区典型工程计价成果数据为测算基础，经综合分析后编制。

二、本指标可作为政府管理部门及市场各方主体编制未来社区项目投资估算、初步设计概算、项目决策、投资控制和快速报价等计价行为的参考依据。

三、本指标为全费用造价指标，包括人工费、材料费、机械费、企业管理费、利润、规费、税金，不包括优质工程增加费、标化工地增加费等暂列金额。

四、本指标不包括工程建设其他费用、工程预备费。

五、本指标内容包括未来社区场景工程造价指标、专项造价指标、典型工程造价指标和造价指标动态应用四部分。

六、本指标未考虑采用高档材料或设备。

七、本指标测算的价格基期为 2023 年 7 月。

八、由于典型工程数据收集的局限性以及应用场景的差异化，本指标具体应用时应结合工程实际动态调整，参考使用。使用过程中如有意见或建议，请及时反馈至浙江省建设工程造价管理总站。

目　　录

第一章　未来社区场景工程造价指标

第二章　未来社区专项造价指标

第三章　未来社区典型工程造价指标

第四章　未来社区造价指标动态应用

附录　未来社区场景相关图示

第一章
未来社区场景工程造价指标

说　明

一、本章指标依据《浙江省未来社区(完整社区)创建评价指标体系》、《建设工程造价指标采集分析标准》DBJ33/T 1294—2023 编制。

二、本章内容包括未来社区场景(新建)装饰工程造价指标和未来社区场景(旧改)修缮工程造价指标。

三、未来社区场景(新建)装饰工程造价指标包括未来社区的未来邻里场景、未来教育场景、未来健康场景、未来治理场景四类场景的装饰工程造价指标。未来邻里场景包括社区礼堂、邻里共享空间。未来教育场景包括 15 班以内幼儿园,3 岁以下婴幼儿照护服务托育机构或社区婴幼儿照护服务驿站,幸福学堂、常青学堂,共享书房。未来健康场景包括社区卫生服务中心、养老服务中心(日间照料中心)、社区食堂。未来治理场景包括党群服务中心和社区便民服务中心。

四、未来社区场景(新建)装饰工程造价指标计算基数为场景功能区域建筑面积,不包括公共区域建筑面积。公共区域造价指标执行第二章“专项造价指标”的相关内容。

五、未来社区场景(旧改)修缮工程造价指标包括未来社区的未来建筑场景、未来健康场景、未来邻里场景三类场景的装饰工程造价指标。

六、本章指标未考虑采用工具式脚手架,发生时,增量的造价指标可参照《浙江省建设工程造价参考指标(一)房屋建筑与市政工程》第二章“专项造价指标”进行调整。

七、未来社区场景工程造价指标应根据项目实际选用本章第一节、第二节的相应指标。

第一节　未来社区场景（新建）装饰工程造价指标

一、本节指标不包括建筑智能化工程、通风空调工程，相关内容在《浙江省建设工程造价参考指标（一）房屋建筑与市政工程》中考虑；不包括未来社区室内文化背景墙装饰、智能化改造、数字化建设平台、装配化装修相关内容，发生时按第二章“未来社区专项造价指标”增加相应费用。

二、本节指标包括固定家具、隔断，不包括移动家具、医疗设施、厨房厨具设备等内容。

三、本节指标未来健康场景中的社区卫生服务中心、养老服务中心（日间照料中心）包括呼叫系统、无障碍设施。社区食堂规模按同时就餐人数100人以内考虑，包括取餐台、餐桌椅、厨房通风设备等。

四、邻里共享空间（不封闭架空层）、幸福学堂、常青学堂、共享书房、社区食堂、党群服务中心、社区便民服务中心的造价指标不含卫生间。发生时，增量的造价指标可参照第二章“未来社区专项造价指标”表2-1-5或表2-1-8进行调整。

五、本节指标见表1-1-1，主要装修做法按表1-1-2考虑。

六、未来社区场景（新建）装饰工程造价指标也适用于未来社区的二次装修工程。

表1-1-1　未来社区场景（新建）装饰工程造价指标表

序号	未来社区场景	造价指标/（元/m^2）			备注
		建筑与装饰	通用安装	合计	
1	未来邻里场景				
1.1	社区礼堂	1 050~1 500	150~300	1 200~1 800	含非集成式卫生间
1.2	邻里共享空间（不封闭架空层）	550~650	150~200	700~850	
1.3	邻里共享空间（室内空间）	750~800	150~300	900~1 100	含非集成式卫生间
2	未来教育场景				
2.1	15班以内幼儿园	800~1 000	200~300	1 000~1 300	含非集成式卫生间
2.2	3岁以下婴幼儿照护服务托育机构或社区婴幼儿照护服务驿站	1 000~1 200	200~300	1 200~1 500	含非集成式卫生间
2.3	幸福学堂、常青学堂	700~800	100~200	800~1 000	
2.4	共享书房	800~1 100	100~200	900~1 300	
3	未来健康场景				
3.1	社区卫生服务中心	1 050~1 200	150~300	1 200~1 500	含非集成式卫生间

续表 1-1-1

序号	未来社区场景	造价指标 /（元 /m²）			备注
		建筑与装饰	通用安装	合计	
3.2	养老服务中心（日间照料中心）	1 100~1 300	200~300	1 300~1 600	含非集成式卫生间
3.3	社区食堂	1 000~1 350	300~450	1 300~1 800	包括非集成式厨房、餐厅
4	未来治理场景				
4.1	党群服务中心	800~1 050	100~150	900~1 200	
4.2	社区便民服务中心	850~1 000	100~150	950~1 150	

表 1-1-2　未来社区场景（新建）装饰工程装修做法表

序号	未来社区场景	装饰做法说明			备注
		楼地面	内墙面	天棚	
1	未来邻里场景				
1.1	社区礼堂	地砖 / 石材	涂料 / 复合板材	石膏板吊顶 / 涂料	
1.2	邻里共享空间（不封闭架空层）	石材	涂料	铝方通吊顶	
1.3	邻里共享空间（室内空间）	地砖 / 石材	涂料 / 复合板材	石膏板吊顶 / 涂料	
2	未来教育场景				
2.1	15 班以内幼儿园	地胶板 / 木地板 / 地砖	涂料 / 复合板材	石膏板吊顶 / 涂料	
2.2	3 岁以下婴幼儿照护服务托育机构或社区婴幼儿照护服务驿站	地胶板 / 木地板 / 地砖	涂料 / 复合板材	石膏板吊顶 / 涂料	
2.3	幸福学堂、常青学堂	地胶板 / 地砖	涂料 / 复合板材	石膏板吊顶 / 涂料	局部防静电活动地板
2.4	共享书房	地胶板 / 地砖	涂料 / 复合板材	石膏板吊顶 / 涂料	
3	未来健康场景				
3.1	社区卫生服务中心	地胶板 / 地砖	涂料 / 复合板材	石膏板吊顶 / 涂料	
3.2	养老服务中心（日间照料中心）	地胶板 / 地砖	涂料 / 复合板材	石膏板吊顶 / 涂料	

续表 1–1–2

序号	未来社区场景	装饰做法说明			备注
		楼地面	内墙面	天棚	
3.3	社区食堂	地砖	瓷砖 / 涂料	铝方通吊顶 / 铝扣板	
4	未来治理场景				
4.1	党群服务中心	木地板 / 地砖	涂料 / 复合板材	石膏板吊顶 / 涂料	
4.2	社区便民服务中心	地砖 / 石材	涂料 / 复合板材	石膏板吊顶 / 涂料	

第二节　未来社区场景（旧改）修缮工程造价指标

一、本节指标包括拆除、清理、垃圾外运、修复、翻新（见表 1–2–1），未考虑结构加固、拆旧残值。

二、本节指标综合考虑了施工期间现场有居民居住的情况。

三、本节指标外墙脚手架按扣件式钢管脚手架考虑，采用其他措施时，根据专项方案进行调整。

表 1–2–1　未来社区场景（旧改）修缮工程造价指标表

序号	名称	工作内容	单位	造价指标	计量单位说明	备注
1	未来建筑场景					
1.1	坡屋面防水工程	1. 基层修补清理、防水层施工； 2. 面层修补	元 /m^2	70~120	屋面面积	
1.2	坡屋面翻新	1. 面层拆除； 2. 基层清理、修补； 3. 油毡瓦面层安装； 4. 垃圾清理外运	元 /m^2	180~280	屋面面积	
1.3	外立面改造（墙面）	1. 雨棚拆除、新建； 2. 空调移机、加笼； 3. 墙面粉刷层清理、铲除、修复； 4. 面层涂料施工； 5. 垃圾清理外运	元 /m^2	150~200	外墙改造面积	不含门窗面积
1.4	外墙面粉刷层渗漏修复	1. 粉刷层铲除； 2. 防水层施工； 3. 面层修复； 4. 垃圾清理外运	元 /m^2	130~180	墙面修复面积	

续表 1-2-1

序号	名称	工作内容	单位	造价指标	计量单位说明	备注
1.5	楼道整修	1. 楼梯平台、踏面局部修复； 2. 墙面粉刷层、涂料局部铲除、修复； 3. 天棚粉刷层、涂料局部铲除、修复； 4. 单元门、栏杆、扶手修复、除锈、刷漆(油)； 5. 垃圾清理外运	元 /m^2	350~420	楼道建筑面积	常规整修
1.6	楼梯休息平台座椅	1. 基础施工； 2. 楼梯休息平台座椅安装	元 / 个	50~150	座椅的数量	
1.7	防盗窗改造	防盗窗(与外墙平)安装	元 /m^2	150~250	门窗面积	
1.8	脚手架	搭设、拆除脚手架及相关附件	元 /m^2	40~50	外墙脚手架搭设面积	
1.9	室内公共区域照明改造	1. 拆除原有管线； 2. 电线、配管安装； 3. 照明灯具、开关等拆装或更换等； 4. 开槽、补槽	元 /m^2	18~25	场景外公共区域建筑面积	
1.10	防雷设施整治	1. 避雷网及接地极改造	元 /m^2	24~36	屋面面积	
2	未来健康场景					
2.1	健身设施	1. 基础施工； 2. 室外健身设施安装； 3. 运动设施安装	元 / 套	800~1 200	健身设施数量	
2.2	健身场地改造	1. 基层做法：原土平整、碎石垫层、混凝土基层； 2. 面层做法：彩色塑胶颗粒面层	元 /m^2	270~320	改造区域面积	
3	未来邻里场景					
3.1	室外休闲空间改造	1. 休闲空间区域整理； 2. 基础、面层施工； 3. 休闲桌椅安装； 4. 垃圾清理外运	元 /m^2	600~1 200	改造区域面积	
3.2	整治车位	1. 场地整理； 2. 基础、面层施工； 3. 侧平石安砌； 4. 车位标识标线； 5. 垃圾清理外运	元 /m^2	250~300	停车位面积	

第二章
未来社区专项造价指标

说　　明

一、本章内容包括未来社区场景专项造价指标、未来社区智能化工程专项造价指标和未来社区既有住宅加装电梯工程专项造价指标。

二、智能化(旧改)专项造价指标包含因智能化施工需要的局部拆除费用。

三、绿色建筑与建筑工业化专项造价指标依据《装配式内装评价标准》DB33/T 1259—2021 编制。其中集成厨房是指采用装配式墙面、装配式吊顶和干式工法楼地面装配而成的厨房,且橱柜、厨房设备及管线等全部安装到位;集成卫生间是指采用装配式墙面、装配式吊顶和干式工法楼地面装配而成的卫生间,且洁具设备及管线等全部安装到位。

四、绿色建筑与建筑工业化专项造价指标相关计算说明:

1. 集成厨房造价指标计算基数为厨房建筑面积(不含墙体),按单个厨房面积 5.5m^2 以内测算;集成卫生间造价指标计算基数为卫生间建筑面积(不含墙体),按单个卫生间面积 3.5m^2 以内测算。

2. 本指标的计算界面从主体工程完成面(结构防水层)后计算。

3. 集成厨房和集成卫生间的吊顶按平顶考虑。

五、第一章“未来社区场景工程造价指标”可依据实际工程项目特征结合专项造价指标进行调整。

第一节　未来社区场景专项造价指标

一、本节为未来社区场景专项造价指标，包括未来邻里场景 – 室内文化背景墙装饰专项造价指标，未来健康场景 – 绿道专项造价指标，未来交通场景 – 风雨连廊专项造价指标、未来建筑场景 – 绿色建筑与建筑工业化专项造价指标、未来建筑场景 – 未来社区数字化建设平台专项造价指标、未来建筑场景 – 公共空间与建筑（住宅）专项造价指标。

二、本节指标中风雨连廊指建筑物之间不封闭的地面连廊。

三、本场景指标装修做法按表 2–1–8“未来建筑场景 – 公共空间与建筑（住宅）专项工程做法参考表”考虑。

一、未来邻里场景 – 室内文化背景墙装饰专项造价指标

未来邻里场景 – 室内文化背景墙装饰专项造价指标表见表 2–1–1。

表 2–1–1　未来邻里场景 – 室内文化背景墙装饰专项造价指标表

序号	名称	指标包含内容	造价指标 /（元 /m^2）	计量单位说明	备注
1	室内文化背景墙	背景墙基层、面层、喷绘、艺术字、灯带	260~300	背景墙装饰面积	5.0mm 厚 PVC 板 +UV 印刷
2			320~380		10.0mm 厚 PVC 板 +UV 印刷

二、未来健康场景 – 绿道专项造价指标

未来健康场景 – 绿道专项造价指标表见表 2–1–2。

表 2–1–2　未来健康场景 – 绿道专项造价指标表

序号	名称	指标包含内容	造价指标 /（元 /m^2）	计量单位说明	备注
1	绿道	基层、面层	300~350	绿道面层面积	1. 基层做法：原土平整、碎石垫层、混凝土基层； 2. 面层做法：彩色塑胶颗粒面层、划线标识； 3. 不含健身设施

三、未来交通场景 – 风雨连廊专项造价指标

未来交通场景 – 风雨连廊专项造价指标表见表 2–1–3。

表 2–1–3　未来交通场景 – 风雨连廊专项造价指标表

序号	名称	指标包含内容	造价指标 /（元 /m^2）	计量单位说明	备注
1	风雨连廊	建筑与装饰工程、通用安装工程	1 800~2 500	连廊顶盖水平投影面积	风雨连廊指建筑物之间不封闭的地面连廊

四、未来建筑场景 – 绿色建筑与建筑工业化专项造价指标

未来建筑场景 – 绿色建筑与建筑工业化专项造价指标表见表 2–1–4、表 2–1–5。

表 2-1-4 集成厨房专项造价指标表

序号	项目特征	工作内容	造价指标 /（元 /m²）
1	地面:薄贴瓷砖; 墙面:硅酸钙复合墙板; 吊顶:硅酸钙复合顶板 + 龙骨	地面:薄贴瓷砖 墙面:1. 配套龙骨安装; 2. 硅酸钙复合墙板安装 吊顶:1. 吊杆安装; 2. 龙骨安装; 3. 硅酸钙复合顶板安装 包含:操作台、橱柜、灶具、排油烟机、洗涤池及龙头、水电管线、开关灯具	2 200~2 600
2	地面:薄贴瓷砖; 墙面:铝蜂窝复合墙板; 吊顶:铝扣板吊顶 + 龙骨	地面:薄贴瓷砖 墙面:1. 配套龙骨安装; 2. 铝蜂窝基层板安装; 3. 粘贴瓷砖 吊顶:1. 吊杆安装; 2. 龙骨安装; 3. 铝扣板吊顶安装 包含:操作台、橱柜、灶具、排油烟机、洗涤池及龙头、水电管线、开关灯具	3 100~3 600
3	地面:架空楼地面 + 薄贴瓷砖; 墙面:硅酸钙复合墙板; 吊顶:硅酸钙复合顶板 + 龙骨	地面:1. 可调节支撑系统安装; 2. 薄贴瓷砖 墙面:1. 配套龙骨安装; 2. 硅酸钙复合墙板安装 吊顶:1. 吊杆安装; 2. 龙骨安装; 3. 硅酸钙复合顶板安装 包含:操作台、橱柜、灶具、排油烟机、洗涤池及龙头、水电管线、开关灯具	2 500~3 000
4	地面:架空楼地面 + 薄贴瓷砖; 墙面:铝蜂窝复合墙板; 吊顶:铝扣板吊顶 + 龙骨	地面:1. 可调节支撑系统安装; 2. 薄贴瓷砖 墙面:1. 配套龙骨安装; 2. 铝蜂窝基层板安装; 3. 粘贴瓷砖 吊顶:1. 吊杆安装; 2. 龙骨安装; 3. 铝扣板吊顶安装 包含:操作台、橱柜、灶具、排油烟机、洗涤池及龙头、水电管线、开关灯具	3 400~4 000

注: 1. 本表中计量单位为厨房建筑面积(不含墙体)。

2. 除已列明的装配式构件外,本指标还包含专项深化设计费、运输半径 150 km 范围内的运费,但不包含门窗和专项措施费用。

表 2–1–5　集成卫生间专项造价指标表

序号	项目特征	工作内容	造价指标 /（元 /m²）
1	地面：架空楼地面 +ABS 热塑复合防水底盘； 墙面：硅酸钙复合墙板 +PE 膜； 吊顶：硅酸钙复合顶板 + 龙骨	地面：1. 可调节支撑系统安装； 2.ABS 热塑复合防水底盘安装 墙面：1. 配套龙骨安装； 2. 硅酸钙复合墙板 +PE 膜安装； 3. 接缝处刷防水涂料 吊顶：1. 吊杆安装； 2. 龙骨安装； 3. 硅酸钙复合顶板安装 包含：淋浴器、淋浴隔断、一体盆浴室柜、置物架、洗脸盆及龙头、座便器、热水器、等电位安装、水电管线、开关灯具、排气扇	3 000~3 500
2	地面：架空楼地面 +ABS 覆砖防水底盘； 墙面：石塑覆膜墙面板； 吊顶：铝扣板吊顶 + 龙骨	地面：1. 可调节支撑系统安装； 2.ABS 覆砖防水底盘安装 墙面：1. 配套龙骨安装； 2. 石塑覆膜墙面板安装； 3. 接缝处刷防水涂料 吊顶：1. 吊杆安装； 2. 龙骨安装； 3. 铝扣板吊顶安装 包含：淋浴器、淋浴隔断、一体盆浴室柜、置物架、洗脸盆及龙头、座便器、热水器、等电位安装、水电管线、开关灯具、排气扇	4 000~4 500
3	地面：架空楼地面 + 聚氨酯覆砖防水底盘； 墙面：石塑覆膜墙面板； 吊顶：PVC 发泡复合平顶 + 龙骨	地面：1. 可调节支撑系统安装； 2. 聚氨酯覆砖防水底盘安装 墙面：1. 配套龙骨安装； 2. 石塑覆膜墙面板安装； 3. 接缝处刷防水涂料 吊顶：1. 吊杆安装； 2. 龙骨安装； 3.PVC 发泡复合平顶安装 包含：淋浴器、淋浴隔断、一体盆浴室柜、置物架、洗脸盆及龙头、座便器、热水器、等电位安装、水电管线、开关灯具、排气扇	4 500~5 000

注：1. 本表中计量单位为卫生间建筑面积（不含墙体）。

2. 除已列明的装配式构件外，本指标还包含专项深化设计费、运输半径 150 km 范围内的运费，但不包含门窗和专项措施费用。

五、未来建筑场景 – 未来社区数字化建设平台专项造价指标

未来建筑场景 – 未来社区数字化建设平台专项造价指标表见表 2–1–6。

表 2–1–6 未来建筑场景 – 未来社区数字化建设平台专项造价指标表

序号	名称	指标包含内容	造价指标 / 万元	计量单位说明	备注
1	数字化平台	包括数字化平台建设，与省级统建平台对接	40~70	按整个未来社区以项计算	
2	社区信息模型（CIM）平台	包括社区信息模型（CIM）平台、与省级统建平台对接	30~60	按整个未来社区以项计算	含建筑信息模型（BIM）建模

六、未来建筑场景 – 公共空间与建筑（住宅）专项造价指标

未来建筑场景 – 公共空间与建筑（住宅）专项造价指标表见表 2–1–7。

表 2–1–7 未来建筑场景 – 公共空间与建筑（住宅）专项造价指标表

序号	未来社区场景	造价指标 /（元 /m²）			计量单位说明	备注
		建筑与装饰	通用安装	合计		
1	地下室门厅	1 500~2 250	50~80	1 550~2 330	场景建筑面积	
2	地下室电梯厅	1 200~1 850	50~80	1 250~1 930	场景建筑面积	包括电梯门套、与电梯厅相连的前室和走廊等区域空间
3	首层电梯厅	1 150~1 800	50~80	1 200~1 880	场景建筑面积	
4	标准层电梯厅	700~1 400	50~80	750~1 480	场景建筑面积	
5	首层门厅	1 400~2 100	50~80	1 450~2 180	场景建筑面积	
6	楼梯间	200~300	20~40	220~340	场景建筑面积	不含扶手栏杆
7	地下汽车库	200~350	—	200~350	场景建筑面积	不含通用安装工程，含标志标线、标识标牌、车挡、柱护角
8	卫生间	800~1 000	700~800	1 500~1 800	场景建筑面积（不含墙体）	非集成式

注：本场景指标不含进户门、单元门、防火门的费用。

未来建筑场景 – 公共空间与建筑(住宅)专项工程做法参考表见表 2-1-8。

表 2-1-8　未来建筑场景 – 公共空间与建筑(住宅)专项工程做法参考表

序号	未来社区场景	装饰做法说明			备注
		楼地面	内墙面	天棚	
1	地下室门厅	地砖 / 石材	瓷砖、石材	涂料、铝型材吊顶	
2	地下室电梯厅	地砖 / 石材	瓷砖、石材	涂料、铝型材吊顶	
3	首层门厅	地砖 / 石材	瓷砖、石材	石膏板吊顶	
4	首层电梯厅	地砖 / 石材	瓷砖、石材	石膏板吊顶	
5	标准层电梯厅	地砖 / 石材	瓷砖、石材	石膏板吊顶	
6	楼梯间	地坪漆 / 水泥砂浆	涂料	涂料	
7	地下汽车库	环氧自流平 / 耐磨地坪	防霉涂料	防霉涂料	
8	卫生间	地砖	瓷砖	石膏板吊顶	

第二节　未来社区智能化工程专项造价指标

本节为未来社区智能化工程专项造价指标,包括智能化(新建)和智能化(旧改)的专项造价指标。

一、智能化(新建)专项造价指标

智能化(新建)专项造价指标表见表 2-2-1。

表 2-2-1　智能化(新建)专项造价指标表

序号	名称	指标包含内容	单位	造价指标	计量单位说明	备注
1	信息网络系统	交换机、光模块、无线 AP	元 /m^2	3~5	按建筑面积计算	
2	综合布线系统	插座、模块、配线架、网线、室外大对数电缆、光纤、机柜	元 /m^2	3~5	按建筑面积计算	
3	建筑设备监控系统	系统平台管理软件、网关接口、IP 控制器、模块、DDC 控制箱、交换机	元 /m^2	2~3	按建筑面积计算	
4	建筑能耗监测系统	网关服务器、能源管理软件、交换机、光模块、接口	元 /m^2	1~2	按建筑面积计算	
5	公共广播系统	话筒、系统分控软件、功放终端、音箱、广播、音柱	元 /m^2	1~2	按建筑面积计算	
6	安全防范系统					

续表 2-2-1

序号	名称	指标包含内容	单位	造价指标	计量单位说明	备注
6.1	出入口控制系统－小区出入口	门禁管理系统（中心管理机、摄像头、触摸屏、支持人体感应、IC 刷卡、二维码开门）、IC 卡发卡器	元 / 个	4 500~5 000	按小区入口数量计算	
6.2	出入口控制系统－单元门出入口	门禁管理系统（中心管理机、摄像头、触摸屏、支持人体感应、IC 刷卡、二维码开门、挟持报警、可视对讲功能）、IC 卡发卡器	元 / 户	600~900	按住户数量计算	
6.3	视频安防监控系统	摄像机（含防跌倒报警功能）、存储、平台	元 / 点位	2 500~3 000	按摄像机点位计算	
6.4	停车库（场）管理系统	出入口车牌识别、显示屏、智能道闸管理	元 / 套	30 000~40 000	按出入口数量计算（一入一出为一套车辆管理系统）	
7	信息引导及发布系统					
7.1	小间距 LED 屏（全彩，面积 < $5m^2$）	屏、发送卡、控制器、框架、配电柜、管理电脑	元 /m^2	20 000~22 000	按屏面积计算	点阵 P1.5
7.2	小间距 LED 屏（全彩，$5m^2$ ≤面积 < $10m^2$）	屏、发送卡、处理器、框架、配电柜、管理电脑	元 /m^2	18 000~20 000	按屏面积计算	点阵 P1.8
8	智能照明系统	智能照明模块、智能照明软件、管理器、交换机、光模块	元 / 回路	1 500~2 000	按照明回路数量计算	
9	机房工程（信息网络机房）	机房装修、电气、消防、UPS（不间断电源设备）、空调、防雷接地	元 /m^2	3 500~4 500	按机房建筑面积计算，机房智能化工程造价指标考虑在各分系统中	
10	智能取餐台系统	结算台、智慧餐具、显示屏、餐饮管理系统	元 / 台	30 000~40 000	按智能结算台数量计算	系统内包含 100 套托盘及配套餐具
11	智慧投影灯杆系统	AI 智慧投影灯杆硬件设备、光缆、配线架	元 / 杆	25 000~35 000	按灯杆数量计算	

续表 2-2-1

序号	名称	指标包含内容	单位	造价指标	计量单位说明	备注
12	智能储物柜系统	储物柜、管理系统、系统对接	元 / 套	15 000~22 000	按储物柜数量计算，储物格按每套 120 个以内	
13	智慧步道系统	智慧步道大屏、智慧布道识别杆、人脸识别储物柜、智慧步道管理系统、小程序对接、数据本地化、管理端免密登录	元 / 人	90~120	按受益人数计算	
14	排队叫号系统	排队叫号屏、显示器、软件、服务器	元 / 个	4 000~6 000	按医生诊室数量计算	
15	自助售药柜系统	成套自助售药柜，2 100cm × 1 300cm × 900cm（高度 × 宽度 × 深度）	元 / 台	20 000~24 000	按自助售药柜数量计算	
16	诊前自助一体机系统	诊前自助一体机、诊前自助一体机系统对接	元 / 台	10 000~15 000	按诊前自助一体机数量计算	
17	适老化硬件系统	智能手环、物联网卡、管理平台及数据对接	元 / 人	1 000~1 200	按适老人数计算	系统服务适老人数按 500 人以内考虑
18	幼托直播系统	幼托直播服务、系统对接	元 / 人	400~500	按幼托人数计算	系统服务幼托人数按每班 15 人考虑

二、智能化（旧改）专项造价指标

智能化（旧改）专项造价指标表见表 2-2-2。

表 2-2-2　智能化（旧改）专项造价指标表

序号	名称	指标包含内容	单位	造价指标	计量单位说明	备注
1	安全防范系统					
1.1	出入口控制系统 – 小区人行出入口	门禁管理系统（中心管理机、摄像头、触摸屏、支持人体感应、IC 刷卡、二维码开门）、IC 卡发卡器	元 / 个	5 000~5 500	按小区入口数量计算	
1.2	出入口控制系统 – 单元门出入口	门禁管理系统（中心管理机、摄像头、触摸屏、支持人体感应、IC 刷卡、二维码开门、挟持报警、云对讲功能）、IC 卡发卡器	元 / 户	700~1 000	按住户数量计算	

续表 2–2–2

序号	名称	指标包含内容	单位	造价指标	计量单位说明	备注
1.3	停车库（场）管理系统—小区机动车出入口	出入口车牌识别、显示屏、智能道闸管理	元 / 套	32 000~42 000	按出入口数量计算（一入一出为一套车辆管理系统）	
1.4	视频安防监控系统	摄像机（含防跌倒报警功能）、存储、平台	元 / 点位	2 600~3 200	按摄像机点位计算	
2	消防监测系统	水压监测、液位监测、远程监控、NB（窄带物联网）网络	元 / 点位	7 000~8 000	按 NB 网络点位计算	
3	电动自行车充电设施	智能充电桩、视频监控、管理平台	元 / 回路	1 500~2 000	按电瓶车充电回路计算	
4	孤寡老人关爱服务	水电气数据监测、NB 网络	元 / 点位	2 000~2 500	按 NB 网络点位计算	
5	信息公开服务软件平台	户外大屏、智慧社区微脑平台、运维	元 / 户数	15~18	按小区户数计算	
6	监控中心大屏服务	街道监控视频展示	元 / 户数	2~3	按小区户数计算	
7	机房中心服务					
7.1	机房中心服务	接口 + 应用资源服务器、数据中心资源服务器、GIS（地理信息系统）资源服务器、GPU（图形处理单元）资源服务器、业务 + 代理资源服务器	元 / 户数	25~30	按小区户数计算	
7.2	机房配套服务	核心交换机、机柜、UPS	元 / 户数	18~20	按小区户数计算	

第三节　未来社区既有住宅加装电梯工程专项造价指标

一、本节指标按无地下室普通多层住宅楼考虑，檐高 20m 以内、层高 3m 以内。

二、本节指标按照电梯停靠位置半层入户和平层入户分别测定，包括建筑与装饰工程和通用安装工程。

三、本节指标做法见表 2–3–2。

四、本节指标按 6 层 5 站或 7 层 6 站无机房电梯（包括电梯控制箱）考虑。

五、本节指标未考虑室外附属工程管线迁移，若发生，增加 8 万 ~12 万元 / 部。

一、既有多层住宅加装电梯专项造价指标

既有多层住宅加装电梯专项造价指标表见表 2–3–1。

表 2–3–1　既有多层住宅加装电梯专项造价指标表

序号	名称	造价指标 /（万元 / 部）	计量单位说明	备注
1	加装电梯（半层入户）	45~55	按电梯数量	含电梯设备 15 万 ~20 万元 / 部
2	加装电梯（平层入户）	53~63		

既有多层住宅加装电梯做法表见表 2–3–2。

表 2–3–2　既有多层住宅加装电梯做法表

序号	名称	工作内容
一	建筑与装饰工程	
1	拆除工程	原有墙体、单元门、窗户等的拆除、清理、外运
2	基础工程	土方开挖、外运、回填； 桩基：ϕ 219 × 4.5 钢管桩，内灌 C30 混凝土，平均桩长为 9m 以内； 电梯基坑底板及侧墙
3	结构工程	井道及连廊受力结构为钢结构
4	外墙装饰及幕墙工程	电梯井道外围护结构采用铝板幕墙 / 石材幕墙 / 玻璃幕墙、连廊采用铝合金窗
5	屋面及防水工程	屋面采用压型钢板及配套防水
6	装饰装修工程	地面：首层电梯厅地面采用石材，其余层楼层采用防滑地砖； 墙柱面：涂料； 天棚：连廊采用铝扣板吊顶； 其他：电梯不锈钢门套、连廊加设不锈钢栏杆
7	施工技术措施	脚手架搭拆、模板安拆
二	通用安装工程	
8	电梯设备	电梯安装及调试
9	安装工程	管线敷设、灯具安装、防雷接地、调试

二、既有多层住宅加装电梯示意图

1. 半层入户

加装电梯（半层入户）示意图见图 2–3–1、图 2–3–2。

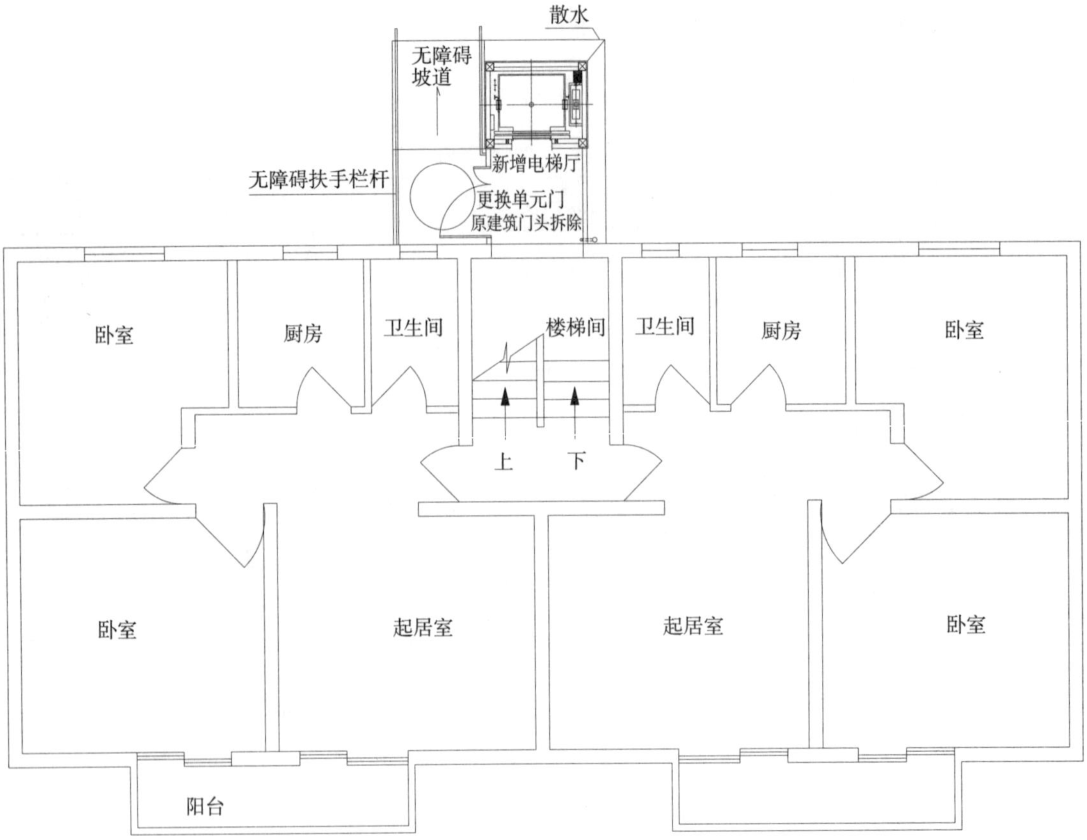

（a）首层电梯（半层入户）平面示意

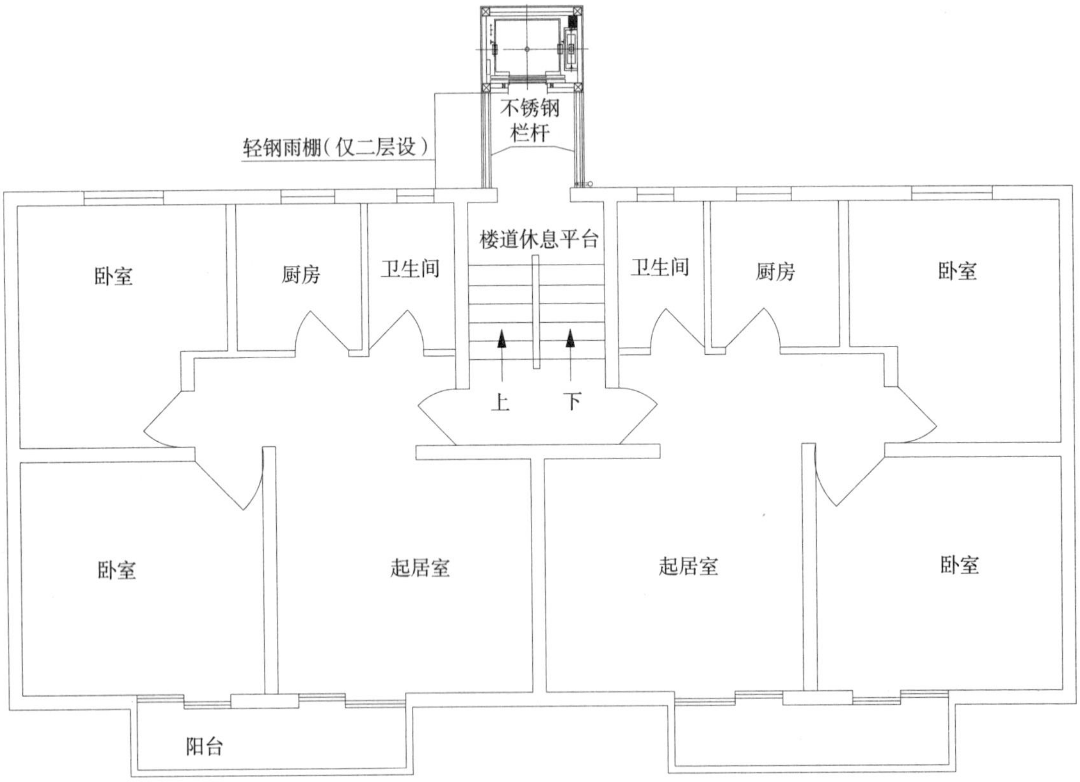

（b）标准层电梯（半层入户）平面示意

图 2-3-1　加装电梯（半层入户）平面示意图

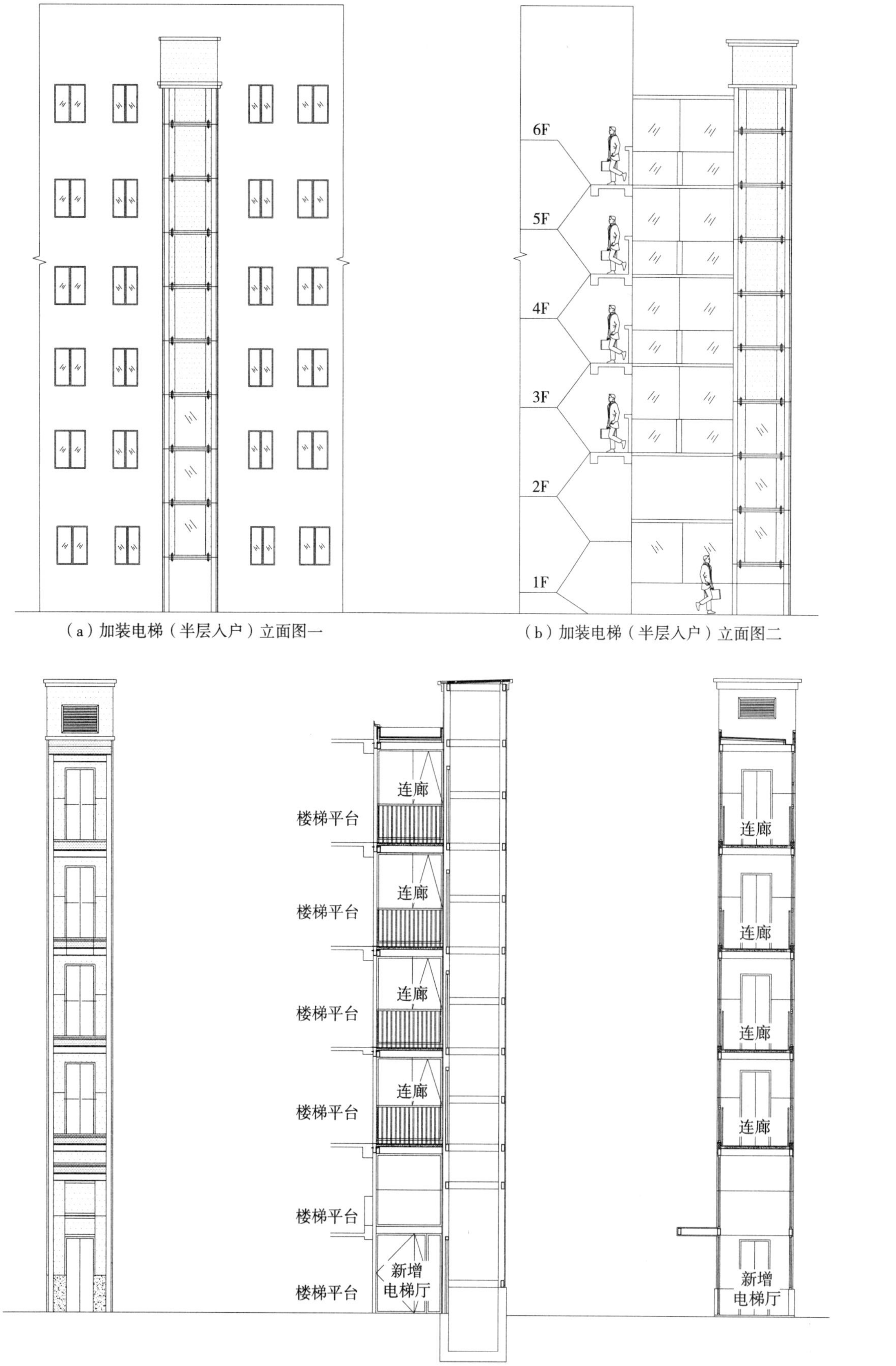

（a）加装电梯（半层入户）立面图一

（b）加装电梯（半层入户）立面图二

（c）加装电梯（半层入户）立面图三

（d）加装电梯（半层入户）剖面图一

（e）加装电梯（半层入户）剖面图二

图 2-3-2　加装电梯（半层入户）立面图、剖面图

2. 平层入户

加装电梯(平层入户)示意图见图 2-3-3、图 2-3-4。

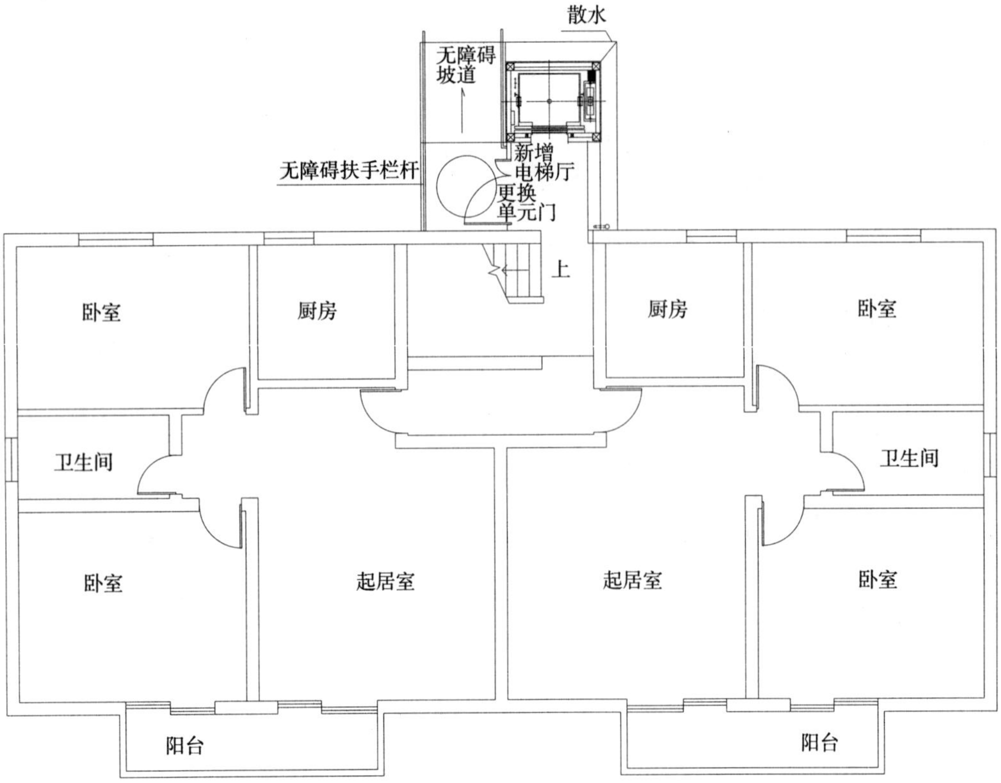

(a)首层电梯(平层入户)平面示意

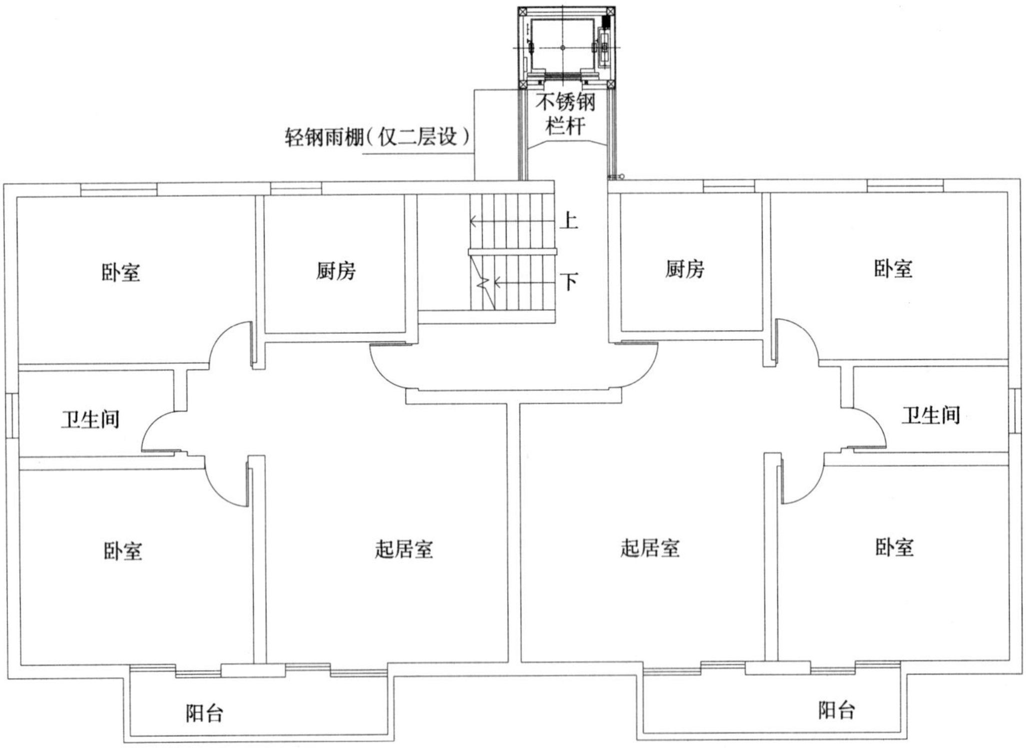

(b)标准层电梯(平层入户)平面示意

图 2-3-3　加装电梯(平层入户)平面示意图

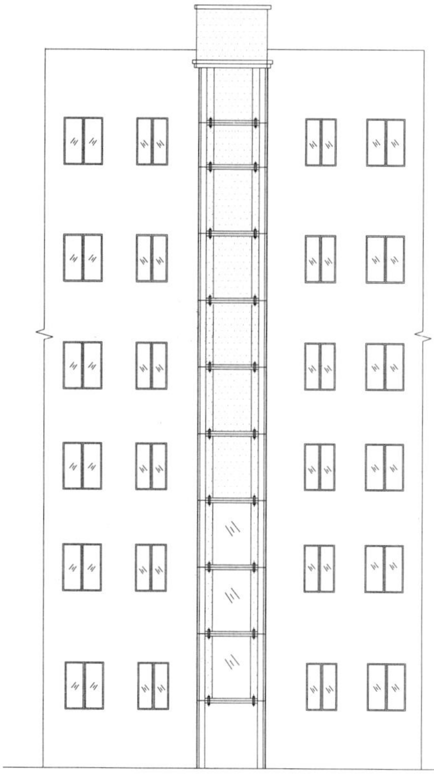

（a）加装电梯（平层入户）立面图一

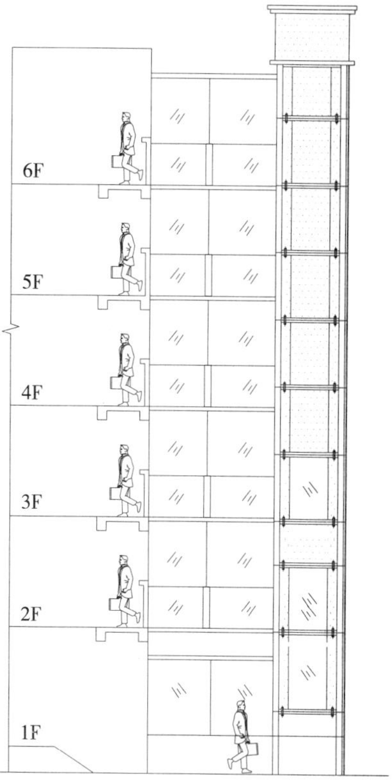

（b）加装电梯（平层入户）立面图二

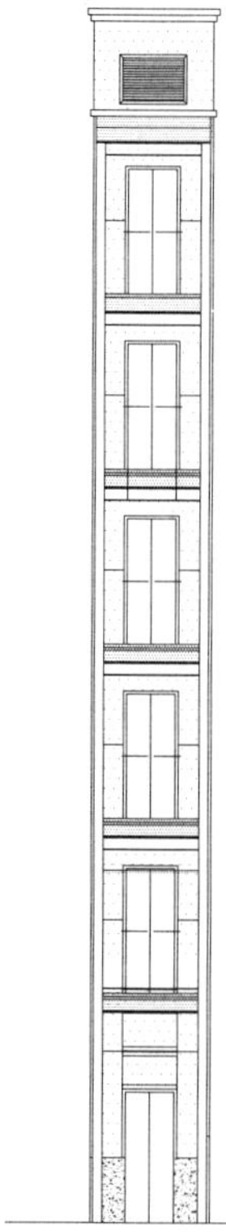

（c）加装电梯（平层入户）立面图三

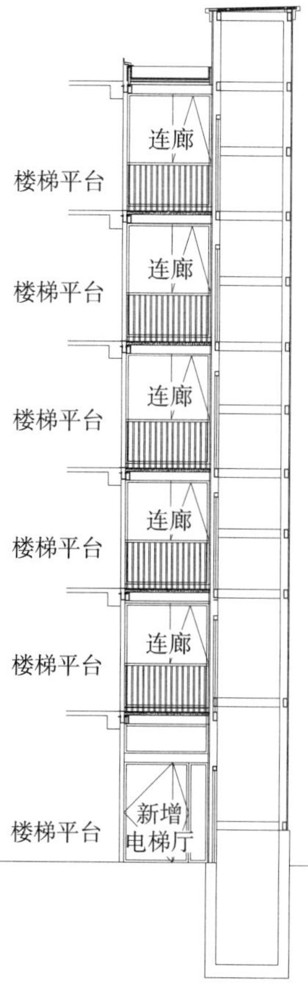

（d）加装电梯（平层入户）剖面图一

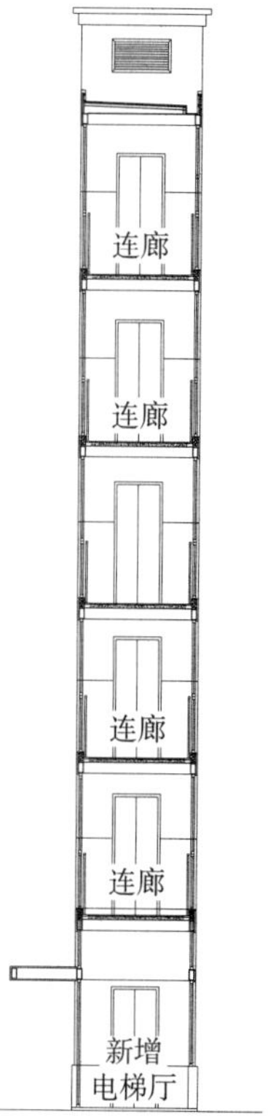

（e）加装电梯（平层入户）剖面图二

图 2-3-4　加装电梯（平层入户）立面图、剖面图

三、既有多层住宅加装电梯实景(图 2-3-5)

孔宏伟　摄

(a)加装电梯(半层入户)

周顺华　摄

(b)加装电梯(平层入户)

图 2-3-5　既有多层住宅加装电梯实景

第三章
未来社区典型工程造价指标

说　　明

一、本章典型工程造价指标是基于近年来浙江省有代表性的未来社区造价成果文件综合分析而成的。

二、本章典型工程造价指标包括功能区域造价指标、造价指标单元的指标。

三、典型工程造价指标可作为市场各方主体依据《建设工程造价指标采集分析标准》DBJ33/T 1294—2023 采集未来社区造价指标信息、建立造价数据库的参考模板。

第一节　未来社区典型工程造价指标

一、某未来社区项目(一)

某未来社区项目(一)概况和造价指标见表 3–1–1~ 表 3–1–10。

表 3–1–1　项目概况信息

项目名称	某未来社区项目		
未来社区类型	☑新建　□旧改 □引领　☑普惠	受益居民 / 人	20 000
建设地点	某市某区	质量要求	合格
资金来源	国有资金投资	承发包模式	施工总承包
项目性质	☑新建 □改建 □扩建	绿色建筑等级	二星级
功能规模 /m²	4 963.57	计价方式	国标清单计价
造价类别	招标控制价	计价依据	2018 版计价依据
编制基期	2023 年 7 月	工程造价 / 万元	603.750 6
造价指标 /(元 /m²)	1 216.36		
其他说明	1. 本项目包括未来邻里、未来教育、未来健康、未来治理四个场景,含社区礼堂、幸福学堂、共享书房、社区卫生服务中心、党群服务中心、社区便民服务中心等场景功能空间; 2. 本项目不含建筑智能化、通风空调、厨房设备、卫生医疗设施等		

注: 1. 国标清单计价是指以现行国家标准《建设工程工程量清单计价规范》GB 50500 及相关专业工程工程量计算规范、浙江省补充要求为主要依据的工程量清单计价方式,后均同。

2. 2018 版计价依据包括《浙江省建设工程计价规则》(2018 版)、浙江省各专业工程概预算定额等,后均同。

表 3–1–2　社区礼堂工程概况信息

综合概况信息	工程名称	邻里中心 – 社区礼堂	场景类别	未来邻里场景
	生活圈标识	15 分钟配套	功能区域面积 /m²	1 252.12
	其他特征	—		
一、建筑与装饰工程概况信息				
1	门窗工程	门:成品木质门、80 系列断桥隔热铝合金平开门[(6Low–E+12A+6)mm 中空钢化玻璃]		
2	防水工程	楼地面(卫生间):2.0mm 厚聚合物防水涂料; 内墙面(卫生间):2.0mm 厚聚合物防水涂料		
3	楼地面装饰工程	礼堂:800mm × 800mm 浅灰色仿大理石地砖; 卫生间:300mm × 300mm 浅灰色仿大理石地砖		

续表 3-1-2

4	内墙及柱面装饰工程	礼堂：18.0mm 厚成品实木多层免漆板、腻子、涂料； 文化背景墙：18.0mm 成品实木多层免漆板、10.0mm 厚亚克力 UV 印刷； 卫生间：400mm × 800mm 浅灰色仿石材瓷砖
5	天棚工程	礼堂：U50 轻钢龙骨、双层 9.5mm 厚石膏板、腻子、涂料； 卫生间：0.8mm 厚 600mm × 600mm 铝扣板
6	其他装饰工程	隔断：10.0mm 厚钢化玻璃隔断、75 系列轨道 30.0mm 厚中纤板双面 9.0mm 实木多层免漆板可折叠活动隔断； 护窗栏杆：不锈钢栏杆（H=700mm）； 木装饰柜：500mm × 2 520mm × 3 200mm（宽度 × 高度 × 长度）； 服务台：600mm × 900mm × 7 980mm（宽度 × 高度 × 长度）； 窗帘：单层棉麻难燃遮光卷帘、单层棉麻难燃遮光拉帘； 其他：15.0mm 厚高压装饰层积板隔断、15.0mm 厚深灰色无机人造石洗漱台、无障碍卫生间 ϕ 40.0mm 成品尼龙抗菌扶手、6.0mm 厚防雾银镜
二、通用安装工程概况信息		
1	电气设备安装工程	照明系统：工艺吸顶灯、ϕ 80mmLED 筒灯、ϕ 120mmLED 筒灯、LED 平板灯、开关、插座、LED 灯带、套接紧定式镀锌钢导管、刚性阻燃电线管
2	消防工程	水灭火系统 - 自动喷水灭火系统：热浸镀锌钢管； 水灭火系统 - 消火栓系统：消火栓箱、灭火器箱、热浸镀锌钢管； 火灾自动报警系统：感烟探测器、感温探测器、消防按钮、套接紧定式镀锌钢导管、铜芯低烟无卤聚氯乙烯护套控制电缆 WDZBN-KYJY、铜芯低烟无卤聚氯乙烯绞型软线 WDZCN-RVS； 电气火灾监控系统：套接紧定式镀锌钢导管、耐火低烟无卤屏蔽双绞线 WDZN-RVSP
3	给排水工程	给水系统：无规共聚聚丙烯管（PP-R 管）； 排水系统：硬聚氯乙烯塑料排水管（UPVC 管）； 热水供应系统：120 L 电热水器、无规共聚聚丙烯管（PP-R 管）； 卫生器具安装：蹲式大便器、残疾人坐式大便器、感应式小便器、台下式洗脸盆、拖把池
4	其他特征	—

表 3-1-3 幸福学堂工程概况信息

综合概况信息	工程名称	邻里中心 - 幸福学堂	场景类别	未来教育场景
	生活圈标识	15 分钟配套	功能区域面积 /m^2	429.44
	其他特征	—		
一、建筑与装饰工程概况信息				
1	门窗工程	门：成品木质门、电子感应门（10.0mm 钢化白玻璃）、铝合金地弹簧平开门（12.0mm 超白钢化玻璃）		
2	防水工程	—		
3	楼地面装饰工程	教室：20.0mm 厚无机磨石； 办公室：15.0mm 厚实木复合地板； 走道：2.0mm 厚同质透心木纹地胶板		
4	内墙及柱面装饰工程	教室：5.0mm 厚免漆板木饰面、浅绿色皮革面层软包、腻子、涂料； 办公室：3.0mm 厚碳镁板木饰面； 走道：5.0mm 厚免漆板木饰面、腻子、涂料		
5	天棚工程	教室：U50 轻钢龙骨、双层 9.5mm 厚石膏板、腻子、涂料； 办公室：U50 轻钢龙骨、双层 9.5mm 厚石膏板、腻子、涂料； 走道：U50 轻钢龙骨、双层 9.5mm 厚石膏板、腻子、涂料		
6	其他装饰工程	隔断：15.0mm 厚钢化玻璃铝合金框隔断、成品铝合金框 5.0mm 双层玻璃隔断（夹百叶）； 教室讲台：500mm × 750mm × 1 600mm（宽度 × 高度 × 长度）； 木装饰柜：320mm × 2 300mm × 1 180mm、400mm × 2 300 × 1 180mm、560mm × 2 300mm × 500mm（宽度 × 高度 × 长度）； 书柜：500mm × 2 300mm × 2 360mm（宽度 × 高度 × 长度）； 卡座：650mm × 470mm × 5 350mm（宽度 × 高度 × 长度）； 吧台：800mm × 1 100mm × 9 100mm（宽度 × 高度 × 长度）； 吧台背柜：350mm × 2 250mm × 2 300mm（宽度 × 高度 × 长度）； 窗帘：单层棉麻难燃遮光卷帘； 其他：15.0mm 厚高压装饰层积板隔断、15.0mm 厚深灰色无机人造石洗漱台、6.0mm 厚防雾银镜		
二、通用安装工程概况信息				
1	电气设备安装工程	照明系统：工艺吸顶灯、ϕ 80mmLED 筒灯、ϕ 120mmLED 筒灯、开关、插座、套接紧定式镀锌钢导管、刚性阻燃电线管		
2	消防工程	水灭火系统 - 自动喷水灭火系统：热浸镀锌钢管； 火灾自动报警系统：感烟探测器、感温探测器、消防按钮、套接紧定式镀锌钢导管、铜芯低烟无卤聚氯乙烯护套控制电缆 WDZBN-KYJY、铜芯低烟无卤聚氯乙烯绞型软线 WDZCN-RVS； 电气火灾监控系统：套接紧定式镀锌钢导管、耐火低烟无卤屏蔽双绞线 WDZN-RVSP		
3	给排水工程	—		
4	其他特征	—		

表 3-1-4 共享书房工程概况信息

<table>
<tr><td rowspan="3">综合概况信息</td><td>工程名称</td><td>邻里中心 – 共享书房</td><td>场景类别</td><td>未来教育场景</td></tr>
<tr><td>生活圈标识</td><td>15 分钟配套</td><td>功能区域面积 /m²</td><td>985.68</td></tr>
<tr><td>其他特征</td><td colspan="3">—</td></tr>
<tr><td colspan="5">一、建筑与装饰工程概况信息</td></tr>
<tr><td>1</td><td>门窗工程</td><td colspan="3">门:成品木质门、铝合金地弹簧平开门(12.0mm 超白钢化玻璃);
窗:80 系列断桥隔热铝合金推拉窗[(6Low–E+12A+6)mm 中空钢化玻璃]</td></tr>
<tr><td>2</td><td>防水工程</td><td colspan="3">楼地面(卫生间):2.0mm 厚聚合物防水涂料;
内墙面(卫生间):2.0mm 厚聚合物防水涂料</td></tr>
<tr><td>3</td><td>楼地面装饰工程</td><td colspan="3">教室:20.0mm 厚无机磨石、2.0mm 厚 SPC 石塑地板;
办公室:15.0mm 厚实木复合地板;
走道:3.0mm 厚同质透心木纹地胶板;
卫生间:400mm × 800mm 浅灰色仿大理石地砖</td></tr>
<tr><td>4</td><td>内墙及柱面装饰工程</td><td colspan="3">教室:18.0mm 厚成品实木多层免漆板、腻子、涂料;
办公室:18.0mm 厚成品实木多层免漆板、腻子、涂料;
走道:腻子、涂料;
卫生间:400mm × 800mm 浅灰色仿石材瓷砖</td></tr>
<tr><td>5</td><td>天棚工程</td><td colspan="3">教室:U50 轻钢龙骨、双层 9.5mm 厚石膏板、涂料;
办公室:U50 轻钢龙骨、双层 9.5mm 厚石膏板、涂料;
走道:U50 轻钢龙骨、双层 9.5mm 厚石膏板、5.0mm 厚成品免漆木饰面、腻子、涂料;
卫生间:0.7mm 厚 300mm × 600mm 铝扣板</td></tr>
<tr><td>6</td><td>其他装饰工程</td><td colspan="3">护窗栏杆:(8+1.4PVB+8)mm 夹胶钢化玻璃栏杆(H=900mm);
隔断:15.0mm 厚钢化玻璃隔断、成品铝合金框 5.0mm 双层玻璃隔断(夹百叶);
展示台:430mm × 1 000mm × 4 420mm(宽度 × 高度 × 长度);
书柜:360mm × 2 600mm × 4 800mm、400mm × 2 600mm × 4 800mm、350mm × 2 600mm × 4 200mm、450 × 2 600 × 3 600mm(宽度 × 高度 × 长度);
卡座:650mm × 450mm × 5 350mm(宽度 × 高度 × 长度);
服务台:750mm × 700mm × 3 150mm(宽度 × 高度 × 长度);
吧台:800mm × 750mm × 6 350mm(宽度 × 高度 × 长度);
窗帘:单层棉麻难燃遮光卷帘;
其他:15.0mm 厚高压装饰层积板隔断、15.0mm 厚深灰色无机人造石洗漱台、6.0mm 厚防雾银镜</td></tr>
</table>

续表 3-1-4

二、通用安装工程概况信息		
1	电气设备安装工程	照明系统：轨道射灯、嵌入式射灯、LED 软灯带、ϕ80mmLED 筒灯、ϕ120mmLED 筒灯、开关、插座、灯带、套接紧定式镀锌钢导管、刚性阻燃电线管
2	消防工程	水灭火系统 – 自动喷水灭火系统：热浸镀锌钢管； 火灾自动报警系统：感烟探测器、感温探测器、消防按钮、套接紧定式镀锌钢导管、铜芯低烟无卤聚氯乙烯护套控制电缆 WDZBN-KYJY、铜芯低烟无卤聚氯乙烯绞型软线 WDZCN-RVS； 电气火灾监控系统：套接紧定式镀锌钢导管、耐火低烟无卤屏蔽双绞线 WDZN-RVSP
3	给排水工程	给水系统：无规共聚聚丙烯管（PP-R 管）； 排水系统：硬聚氯乙烯塑料排水管（UPVC 管）； 热水供应系统：60L 电热水器、无规共聚聚丙烯管（PP-R 管）； 卫生器具安装：蹲式大便器、残疾人坐式大便器、感应式小便器、台下式洗脸盆、拖把池
4	其他特征	—

表 3-1-5　社区卫生服务中心工程概况信息

综合概况信息	工程名称	邻里中心 – 社区卫生服务中心	场景类别	未来健康场景
	生活圈标识	15 分钟配套	功能区域面积 /m^2	835.37
	其他特征	—		
一、建筑与装饰工程概况信息				
1	门窗工程	门：成品木质门、铝合金地弹簧平开门（12.0mm 超白钢化玻璃）		
2	防水工程	楼地面（卫生间）：2.0mm 厚聚合物防水涂料； 内墙面（卫生间）：2.0mm 厚聚合物防水涂料		
3	楼地面装饰工程	诊疗室：10.0mm 厚 800mm × 800mm 浅灰色仿大理石地砖； 办公室：2.0mm 厚 SPC 石塑地板、5.0mm 厚灰色地胶板； 卫生间：600mm × 600mm 浅灰色仿大理石地砖		
4	内墙及柱面装饰工程	诊疗室：2.0mm 厚 600mm × 1 200mmGKF 抗菌板腻子、涂料； 办公室：18.0mm 厚成品实木多层免漆板、18.0mm 厚木纹铝复合板、腻子、涂料； 卫生间：400mm × 800mm 浅灰色仿石材瓷砖		
5	天棚工程	诊疗室：U50 轻钢龙骨、双层 9.5mm 厚石膏板、腻子、涂料、A 级透光软膜天花； 办公室：U50 轻钢龙骨、双层 9.5mm 厚石膏板、腻子、涂料； 卫生间：0.7mm 厚 300mm × 600mm 铝扣板		

续表 3-1-5

6	其他装饰工程	隔断：18.0mm 厚木纹石隔断、50.0mm 厚成品木隔断； 展示台：430mm × 1 000mm × 4 420mm（宽度 × 高度 × 长度）； 木装饰柜：450mm × 3 250mm × 2 190mm、500mm × 3 250mm × 1 640mm（宽度 × 高度 × 长度）； 卡座：500mm × 500mm × 9 510mm（宽度 × 高度 × 长度）； 服务台：900mm × 600mm × 4 620mm（宽度 × 高度 × 长度）； 窗帘：单层棉麻难燃遮光卷帘、单层棉麻难燃遮光拉帘； 其他：15.0mm 厚深灰色无机人造石洗漱台、6.0mm 厚防雾银镜
二、通用安装工程概况信息		
1	电气设备安装工程	照明系统：工艺吸顶灯、ϕ80mmLED 筒灯、ϕ120mmLED 筒灯、150mm 宽长条灯、双头斗胆灯、LED 平板灯、开关、插座、灯带、套接紧定式镀锌钢导管、刚性阻燃电线管
2	消防工程	水灭火系统 – 自动喷水灭火系统：热浸镀锌钢管； 火灾自动报警系统：感烟探测器、感温探测器、消防按钮、套接紧定式镀锌钢导管、铜芯低烟无卤聚氯乙烯护套控制电缆 WDZBN–KYJY、铜芯低烟无卤聚氯乙烯绞型软线 WDZCN–RVS； 电气火灾监控系统：套接紧定式镀锌钢导管、耐火低烟无卤屏蔽双绞线 WDZN–RVSP
3	给排水工程	给水系统：无规共聚聚丙烯管（PP–R 管） 排水系统：硬聚氯乙烯塑料排水管（UPVC 管） 热水供应系统：60L 电热水器、无规共聚聚丙烯管（PP–R 管）； 卫生器具安装：蹲式大便器、坐式大便器、感应式小便器、台下式洗脸盆、拖把池
4	其他特征	—

表 3–1–6 党群服务中心工程概况信息

综合概况信息	工程名称	邻里中心 – 党群服务中心	场景类别	未来治理场景
	生活圈标识	15 分钟配套	功能区域面积 /m^2	214.30
	其他特征	—		
一、建筑与装饰工程概况信息				
1	门窗工程	门：铝合金地弹簧平开门（12.0mm 超白钢化玻璃）； 窗：80 系列断桥隔热铝合金推拉窗［（6Low–E+12A+6）mm 中空钢化玻璃］		
2	防水工程	—		
3	楼地面装饰工程	办公室：15.0mm 厚实木复合地板； 会议室：2.0mm 厚 SPC 石塑地板、800mm × 800mm 浅灰色仿大理石地砖		

续表 3-1-6

4	内墙及柱面装饰工程	办公室：5.0mm 厚免漆板木饰面、腻子、涂料； 党建背景墙：10.0mm 厚亚克力 UV 印刷； 会议室：18.0mm 厚木纹铝复合吸音板、腻子、涂料
5	天棚工程	办公室：U50 轻钢龙骨、双层 9.5mm 厚石膏板、腻子、涂料； 会议室：U50 轻钢龙骨、16.0mm 厚 600mm × 600mm 矿棉板、双层 9.5mm 厚石膏板、腻子、涂料
6	其他装饰工程	隔断：75 系列轨道 30.0mm 厚中纤板双面 9.0mm 实木多层免漆板可折叠活动隔断、成品木格栅隔断； 书柜：450mm × 2 600mm × 3 500mm（宽度 × 高度 × 长度）； 窗帘：白色铝片百叶帘； 其他：白色亚克力透光字
二、通用安装工程概况信息		
1	电气设备安装工程	照明系统：工艺吸顶灯、ϕ 120mmLED 筒灯、150mm 宽长条灯、开关、插座、灯带、套接紧定式镀锌钢导管、刚性阻燃电线管
2	消防工程	水灭火系统 - 自动喷水灭火系统：热浸镀锌钢管； 火灾自动报警系统：感烟探测器、感温探测器、消防按钮、套接紧定式镀锌钢导管、铜芯低烟无卤聚氯乙烯护套控制电缆 WDZBN-KYJY、铜芯低烟无卤聚氯乙烯绞型软线 WDZCN-RVS； 电气火灾监控系统：套接紧定式镀锌钢导管、耐火低烟无卤屏蔽双绞线 WDZN-RVSP
3	给排水工程	—
4	其他特征	—

表 3-1-7 社区便民服务中心工程概况信息

综合概况信息	工程名称	邻里中心 - 社区便民服务中心	场景类别	未来治理场景
	生活圈标识	15 分钟配套	功能区域面积 /m^2	1 246.66
	其他特征	—		
一、建筑与装饰工程概况信息				
1	门窗工程	门：成品木质门、木质防火门、80 系列断桥隔热铝合金平开门［（6Low-E+12A+6）mm 中空钢化玻璃］		
2	防水工程	楼地面（卫生间）：2.0mm 厚聚合物防水涂料； 内墙面（卫生间）：2.0mm 厚聚合物防水涂料		
3	楼地面装饰工程	服务大厅：800mm × 800mm 浅灰色仿大理石地砖； 办公室：2.0mm 厚 SPC 石塑地板； 卫生间：600mm × 600mm 浅灰色仿大理石地砖		

续表 3-1-7

4	内墙及柱面装饰工程	服务大厅:12.0mm 厚 1 200mm×2 400mm 白色岩板(干挂)、18.0mm 成品实木多层免漆板、25.0mm 厚成品木吸音板、18.0mm 厚木纹铝复合板、布艺硬包; 办公室:腻子、涂料; 卫生间:400mm×800mm 浅灰色仿石材瓷砖
5	天棚工程	服务大厅:U50 轻钢龙骨、双层 9.5mm 厚石膏板、18.0mm 厚成品木纹铝复合板、2.0mm 厚 600mm×1 200mm 穿孔铝板、涂料; 办公室:U50 轻钢龙骨、双层 9.5mm 厚石膏板、涂料; 卫生间:0.7mm 厚 300mm×600mm 铝扣板
6	其他装饰工程	隔断:75 系列轨道 30.0mm 厚中纤板加双面 9.0mm 实木多层免漆板成品可折叠活动隔断、成品铝合金框 5.0mm 双层玻璃隔断(夹百叶); 茶水台:900mm×600mm×5 870mm(宽度 × 高度 × 长度); 服务台:600mm×750mm×7 500mm(宽度 × 高度 × 长度); 窗帘:单层棉麻难燃遮光卷帘、单层棉麻难燃遮光拉帘; 其他:15.0mm 厚高压装饰层积板隔断、15.0mm 厚深灰色无机人造石洗漱台、6.0mm 厚防雾银镜
二、通用安装工程概况信息		
1	电气设备安装工程	照明系统:工艺吸顶灯、ϕ 80mmLED 筒灯、ϕ 120mmLED 筒灯、灯带、LED 平板灯、开关、插座、灯带、套接紧定式镀锌钢导管、刚性阻燃电线管
2	消防工程	水灭火系统 - 自动喷水灭火系统:热浸镀锌钢管; 水灭火系统 - 消火栓系统:消火栓箱、灭火器箱、热浸镀锌钢管; 火灾自动报警系统:感烟探测器、感温探测器、消防按钮、套接紧定式镀锌钢导管、铜芯低烟无卤聚氯乙烯护套控制电缆 WDZBN-KYJY、铜芯低烟无卤聚氯乙烯绞型软线 WDZCN-RVS; 电气火灾监控系统:套接紧定式镀锌钢导管、耐火低烟无卤屏蔽双绞线 WDZN-RVSP
3	给排水工程	给水系统:无规共聚聚丙烯管(PP-R 管); 排水系统:硬聚氯乙烯塑料排水管(UPVC 管); 热水供应系统:60L 电热水器、无规共聚聚丙烯管(PP-R 管); 卫生器具安装:蹲式大便器、坐式大便器、感应式小便器、台下式洗脸盆、拖把池
4	其他特征	—

表 3-1-8　未来社区功能区域造价指标表

<table>
<tr><td colspan="2">工程采集类别</td><td>功能规模</td><td colspan="4">指标内容</td></tr>
<tr><td colspan="2">邻里中心</td><td>4 963.57m²</td><td colspan="4">门窗工程、防水工程、楼地面装饰工程、内墙及柱面装饰工程、天棚工程、其他装饰工程、电气设备安装工程、消防工程、给排水工程</td></tr>
<tr><td rowspan="2">序号</td><td rowspan="2">未来社区场景</td><td rowspan="2">指标组成</td><td colspan="3">场景装饰工程造价指标 /(元 /m²)</td><td rowspan="2">备注</td></tr>
<tr><td>建筑与装饰</td><td>通用安装</td><td>合计</td></tr>
<tr><td>1</td><td>未来邻里场景</td><td>社区礼堂</td><td>1 149.22</td><td>179.20</td><td>1 328.42</td><td>—</td></tr>
<tr><td>2</td><td rowspan="2">未来教育场景</td><td>幸福学堂</td><td>787.54</td><td>116.68</td><td>904.22</td><td>—</td></tr>
<tr><td>3</td><td>共享书房</td><td>1 032.62</td><td>270.54</td><td>1 303.16</td><td>含卫生间</td></tr>
<tr><td>4</td><td>未来健康场景</td><td>社区卫生服务中心</td><td>1 126.44</td><td>184.36</td><td>1 310.80</td><td>—</td></tr>
<tr><td>5</td><td rowspan="2">未来治理场景</td><td>党群服务中心</td><td>925.15</td><td>141.29</td><td>1 066.44</td><td>—</td></tr>
<tr><td>6</td><td>社区便民服务中心</td><td>842.90</td><td>262.29</td><td>1 105.19</td><td>含卫生间</td></tr>
</table>

表 3-1-9　造价指标单元分析表 (一)

<table>
<tr><td rowspan="3">序号</td><td rowspan="2">造价单元指标名称</td><td colspan="3">场景装饰工程造价指标 /(元 /m²)</td><td rowspan="3">备注</td></tr>
<tr><td>社区礼堂</td><td>幸福学堂</td><td>共享书房</td></tr>
<tr><td>功能区域面积 /m²</td><td>1 252.12</td><td>429.44</td><td>985.68</td></tr>
<tr><td>1</td><td>建筑与装饰工程</td><td>1 149.22</td><td>787.54</td><td>1 032.62</td><td></td></tr>
<tr><td>1.1</td><td>门窗工程</td><td>51.87</td><td>49.62</td><td>17.70</td><td></td></tr>
<tr><td>1.2</td><td>防水工程</td><td>13.26</td><td>—</td><td>17.83</td><td></td></tr>
<tr><td>1.3</td><td>楼地面装饰工程</td><td>265.85</td><td>219.94</td><td>289.95</td><td></td></tr>
<tr><td>1.4</td><td>内墙及柱面装饰工程</td><td>222.27</td><td>213.08</td><td>144.20</td><td></td></tr>
<tr><td>1.5</td><td>天棚工程</td><td>271.43</td><td>153.44</td><td>153.11</td><td></td></tr>
<tr><td>1.6</td><td>其他装饰工程</td><td>314.55</td><td>141.24</td><td>399.82</td><td></td></tr>
<tr><td>1.7</td><td>施工技术措施</td><td>9.99</td><td>10.22</td><td>10.01</td><td></td></tr>
<tr><td>2</td><td>通用安装工程</td><td>179.20</td><td>116.68</td><td>270.54</td><td></td></tr>
<tr><td>2.1</td><td>电气设备安装工程</td><td>96.22</td><td>80.00</td><td>104.37</td><td></td></tr>
<tr><td>2.2</td><td>消防工程</td><td>44.25</td><td>35.50</td><td>41.34</td><td></td></tr>
<tr><td>2.3</td><td>给排水工程</td><td>36.67</td><td>—</td><td>123.26</td><td></td></tr>
<tr><td>2.4</td><td>施工技术措施</td><td>2.06</td><td>1.18</td><td>1.57</td><td></td></tr>
</table>

表 3-1-10　造价指标单元分析表（二）

序号	造价单元指标名称	场景装饰工程造价指标 /（元 /m²）			备注
		社区卫生服务中心	党群服务中心	社区便民服务中心	
	功能区域面积 /m²	835.37	214.30	1 246.66	
1	建筑与装饰工程	1 126.44	925.15	842.90	
1.1	门窗工程	48.63	35.63	42.22	
1.2	防水工程	6.82	—	8.03	
1.3	楼地面装饰工程	289.16	323.32	228.91	
1.4	内墙及柱面装饰工程	287.86	213.83	180.17	
1.5	天棚工程	203.31	198.90	211.93	
1.6	其他装饰工程	280.70	143.52	161.66	
1.7	施工技术措施	9.96	9.95	9.98	
2	通用安装工程	184.36	141.29	262.29	
2.1	电气设备安装工程	85.44	99.64	71.39	
2.2	消防工程	48.41	40.44	46.81	
2.3	给排水工程	48.60	—	142.66	
2.4	施工技术措施	1.91	1.21	1.43	

二、某未来社区项目（二）

某未来社区项目（二）概况和造价指标见表 3-1-11~ 表 3-1-20。

表 3-1-11　项目概况信息

项目名称	某未来社区项目		
未来社区类型	☑新建　□旧改 □引领　☑普惠	受益居民 / 人	6 500
建设地点	某市某区	质量要求	合格
资金来源	国有资金投资	承发包模式	工程总承包
项目性质	☑新建 □改建 □扩建	绿色建筑等级	二星级
功能规模 /m²	1 778.96	计价方式	国标清单计价
造价类别	招标控制价	计价依据	2018 版计价依据
编制基期	2023 年 7 月	工程造价 / 万元	222.553 2
造价指标 /（元 /m²）	1 251.03		
其他说明	1. 本项目包括未来邻里、未来教育、未来健康、未来治理四个场景，含社区礼堂、邻里共享空间、共享书房、社区卫生服务中心、党群服务中心、社区便民服务中心等场景功能空间； 2. 本项目不含建筑智能化、通风空调、厨房设备、卫生医疗设施等		

表 3-1-12　社区礼堂工程概况信息

综合概况信息	工程名称	邻里中心 – 社区礼堂	场景类别	未来邻里场景
	生活圈标识	15 分钟配套	功能区域面积 /m²	680.55
	其他特征	—		
一、建筑与装饰工程概况信息				
1	门窗工程	门：成品木质门、铝合金地弹簧平开门（10.0mm 钢化玻璃）		
2	防水工程	楼地面（卫生间）：2.0mm 厚聚合物防水涂料； 内墙面（卫生间）：2.0mm 厚聚合物防水涂料		
3	楼地面装饰工程	礼堂：800mm × 800mm 浅灰色地砖； 卫生间：800mm × 800mm 浅灰色地砖； 办公室：20.0mm 厚哑光纯黑色成品木饰面		
4	内墙及柱面装饰工程	礼堂：40mm × 80mm 黑胡桃木色格栅片、2.0mm 厚 600mm × 1 200mm 穿孔铝板、腻子、涂料； 文化背景墙：18.0mm 厚成品实木多层免漆板、10.0mm 厚亚克力 UV 印刷； 卫生间：400mm × 800mm 浅灰色瓷砖； 办公室：8.0mm 成品实木多层免漆板、腻子、涂料		
5	天棚工程	礼堂：U50 轻钢龙骨、12.0mm 厚石膏板、腻子、涂料； 卫生间：0.8mm 厚 600mm × 600mm 铝扣板； 办公室：U50 轻钢龙骨、12.0mm 厚石膏板、腻子、涂料		
6	其他装饰工程	木装饰柜：450mm × 2 620mm × 3 600mm、500mm × 2 620mm × 7 600mm（宽度 × 高度 × 长度）； 其他：20.0mm 厚白色石英石洗漱台、25.0mm 防腐木固定座椅、社区 LOGO、广告展板、15.0mm 厚灰色成品隔断板、15.0mm 厚灰色无机人造石洗漱台、6.0mm 厚防雾银镜		
二、通用安装工程概况信息				
1	电气设备安装工程	照明系统：LED 双胆筒灯、黑色双筒灯、LED 平板灯、开关、插座、LED 灯带、套接紧定式镀锌钢导管、刚性阻燃电线管		
2	消防工程	水灭火系统 – 自动喷水灭火系统：热浸镀锌钢管； 水灭火系统 – 消火栓系统：消火栓箱、灭火器箱、热浸镀锌钢管； 火灾自动报警系统：感烟探测器、感温探测器、消防按钮、套接紧定式镀锌钢导管、铜芯低烟无卤聚氯乙烯护套控制电缆 WDZBN–KYJY、铜芯低烟无卤聚氯乙烯绞型软线 WDZCN–RVS； 电气火灾监控系统：套接紧定式镀锌钢导管、耐火低烟无卤屏蔽双绞线 WDZN–RVSP		
3	给排水工程	给水系统：无规共聚聚丙烯管（PP–R 管）； 排水系统：硬聚氯乙烯塑料排水管（UPVC 管）； 热水供应系统：150L 电热水器、无规共聚聚丙烯管（PP–R 管）； 卫生器具安装：蹲式大便器、小便器、台下式洗脸盆、拖把池		
4	其他特征	—		

表 3-1-13 邻里共享空间工程概况信息

<table>
<tr><td rowspan="3">综合概况信息</td><td>工程名称</td><td>邻里中心 -
邻里共享空间</td><td>场景类别</td><td>未来邻里场景</td></tr>
<tr><td>生活圈标识</td><td>15 分钟配套</td><td>功能区域面积 /m²</td><td>151.96</td></tr>
<tr><td>其他特征</td><td colspan="3">本工程邻里共享空间为室内空间</td></tr>
<tr><td colspan="5">一、建筑与装饰工程概况信息</td></tr>
<tr><td>1</td><td>门窗工程</td><td colspan="3">门:成品木质门、电子感应门(10.0mm 钢化白玻璃)、铝合金地弹簧平开门(12.0mm 超白钢化玻璃);
窗:铝合金固定窗(12.0mm 钢化玻璃)</td></tr>
<tr><td>2</td><td>防水工程</td><td colspan="3">楼地面(卫生间):2.0mm 厚聚合物防水涂料;
内墙面(卫生间):2.0mm 厚聚合物防水涂料</td></tr>
<tr><td>3</td><td>楼地面装饰工程</td><td colspan="3">服务大厅:5.0mm 厚同质透心木纹地胶板;
卫生间:600mm × 600mm 哑光纯灰色防滑地砖</td></tr>
<tr><td>4</td><td>内墙及柱面装饰工程</td><td colspan="3">服务大厅:5.0mm 厚鹅黄色混漆木饰面、100.0mm 纯嫩绿色铝方通、腻子、涂料;
卫生间:600mm × 1 200mm 米白色哑光瓷砖</td></tr>
<tr><td>5</td><td>天棚工程</td><td colspan="3">服务大厅:40mm × 80mm 白橡木色 U 形铝方通、U50 轻钢龙骨、双层 9.5mm 厚石膏板、腻子、涂料;
卫生间:300mm × 300mm 纯白色铝板集成吊顶</td></tr>
<tr><td>6</td><td>其他装饰工程</td><td colspan="3">木装饰柜:710mm × 2 475mm × 4 240mm、350mm × 600mm × 4 680mm、600mm × 850mm × 6 180mm(宽度 × 高度 × 长度);
长条凳:450mm × 500mm × 3 970mm、450mm × 500mm × 2 000mm(宽度 × 高度 × 长度);
窗帘:米白色日光卷帘、灰色系布艺窗帘;
其他:15.0mm 厚灰色成品隔断板、15.0mm 厚灰色无机人造石洗漱台、6.0mm 厚防雾银镜</td></tr>
<tr><td colspan="5">二、通用安装工程概况信息</td></tr>
<tr><td>1</td><td>电气设备安装工程</td><td colspan="3">照明系统:LED 方形筒灯、LED 平板灯、ϕ80mmLED 筒灯、嵌入式条形灯、开关、插座、套接紧定式镀锌钢导管、刚性阻燃电线管</td></tr>
<tr><td>2</td><td>消防工程</td><td colspan="3">水灭火系统 - 自动喷水灭火系统:热浸镀锌钢管;
水灭火系统 - 消火栓系统:消火栓箱、灭火器箱、热浸镀锌钢管;
火灾自动报警系统:感烟探测器、感温探测器、消防按钮、套接紧定式镀锌钢导管、铜芯低烟无卤聚氯乙烯护套控制电缆 WDZBN-KYJY、铜芯低烟无卤聚氯乙烯绞型软线 WDZCN-RVS;
电气火灾监控系统:套接紧定式镀锌钢导管、耐火低烟无卤屏蔽双绞线 WDZN-RVSP</td></tr>
<tr><td>3</td><td>给排水工程</td><td colspan="3">给水系统:无规共聚聚丙烯管(PP-R 管);
排水系统:硬聚氯乙烯塑料排水管(UPVC 管);
热水供应系统:60L 电热水器、无规共聚聚丙烯管(PP-R 管);
卫生器具安装:坐式大便器、台下式洗脸盆、拖把池</td></tr>
<tr><td>4</td><td>其他特征</td><td colspan="3">—</td></tr>
</table>

表 3-1-14　共享书房工程概况信息

<table>
<tr><td rowspan="3">综合概况信息</td><td>工程名称</td><td>邻里中心 - 共享书房</td><td>场景类别</td><td>未来教育场景</td></tr>
<tr><td>生活圈标识</td><td>15 分钟配套</td><td>功能区域面积 /m^2</td><td>204.87</td></tr>
<tr><td>其他特征</td><td colspan="3">—</td></tr>
<tr><td colspan="5">一、建筑与装饰工程概况信息</td></tr>
<tr><td>1</td><td>门窗工程</td><td colspan="3">门：成品木质门、电子感应门（10.0mm 钢化白玻璃）、铝合金平开门（5.0mm 钢化玻璃）；
窗：铝合金固定窗（10.0mm 钢化玻璃）</td></tr>
<tr><td>2</td><td>防水工程</td><td colspan="3">楼地面（茶水间）：2.0mm 厚聚合物防水涂料；
内墙面（茶水间）：2.0mm 厚聚合物防水涂料</td></tr>
<tr><td>3</td><td>楼地面装饰工程</td><td colspan="3">教室：5.0mm 厚同质透心木纹地胶板；
茶水间：600mm × 600mm 哑光纯灰色防滑地砖</td></tr>
<tr><td>4</td><td>内墙及柱面装饰工程</td><td colspan="3">教室：5.0mm 厚免漆板木饰面、腻子、涂料；
茶水间：600mm × 1 200mm 米白色哑光瓷砖</td></tr>
<tr><td>5</td><td>天棚工程</td><td colspan="3">教室：U50 轻钢龙骨、双层 9.5mm 厚石膏板、腻子、涂料；
茶水间：300mm × 300mm 纯白色铝板集成吊顶</td></tr>
<tr><td>6</td><td>其他装饰工程</td><td colspan="3">灰色铁质货架：500mm × 2 000mm × 4 500mm、400mm × 2 200mm × 2 050mm（宽度 × 高度 × 长度）；
书柜：500mm × 2 600mm × 4 200mm（宽度 × 高度 × 长度）；
窗帘：白色铝片百叶帘；
其他：15.0mm 厚灰色无机人造石茶水台</td></tr>
<tr><td colspan="5">二、通用安装工程概况信息</td></tr>
<tr><td>1</td><td>电气设备安装工程</td><td colspan="3">照明系统：LED 方形筒灯、LED 平板灯、ϕ 80mmLED 筒灯、嵌入式条形灯、开关、插座、套接紧定式镀锌钢导管、刚性阻燃电线管</td></tr>
<tr><td>2</td><td>消防工程</td><td colspan="3">水灭火系统 - 自动喷水灭火系统：热浸镀锌钢管；
火灾自动报警系统：感烟探测器、感温探测器、消防按钮、套接紧定式镀锌钢导管、铜芯低烟无卤聚氯乙烯护套控制电缆 WDZBN-KYJY、铜芯低烟无卤聚氯乙烯绞型软线 WDZCN-RVS；
电气火灾监控系统：套接紧定式镀锌钢导管、耐火低烟无卤屏蔽双绞线 WDZN-RVSP</td></tr>
<tr><td>3</td><td>给排水工程</td><td colspan="3">—</td></tr>
<tr><td>4</td><td>其他特征</td><td colspan="3">—</td></tr>
</table>

表 3-1-15　社区卫生服务中心工程概况信息

<table>
<tr><td rowspan="3">综合概况信息</td><td>工程名称</td><td>邻里中心 –
社区卫生服务中心</td><td>场景类别</td><td>未来健康场景</td></tr>
<tr><td>生活圈标识</td><td>15 分钟配套</td><td>功能区域面积 /m²</td><td>193.45</td></tr>
<tr><td>其他特征</td><td colspan="3">—</td></tr>
<tr><td colspan="5">一、建筑与装饰工程概况信息</td></tr>
<tr><td>1</td><td>门窗工程</td><td colspan="3">门：成品木质门、铝合金平开门（12.0mm 超白钢化玻璃）；
窗：铝合金固定窗（10.0mm 钢化玻璃）</td></tr>
<tr><td>2</td><td>防水工程</td><td colspan="3">楼地面（卫生间）：2.0mm 厚聚合物防水涂料；
内墙面（卫生间）：2.0mm 厚聚合物防水涂料</td></tr>
<tr><td>3</td><td>楼地面装饰工程</td><td colspan="3">诊疗室：2.0mm 厚同质透心木纹地胶板；
药房：800mm × 800mm 灰色防滑地砖；
卫生间：600mm × 600mm 浅灰色仿大理石地砖</td></tr>
<tr><td>4</td><td>内墙及柱面装饰工程</td><td colspan="3">诊疗室：2.0mm 厚 600mm × 1 200mmGKF 抗菌板、腻子、涂料；
药房：5.0mm 厚白橡木成品木饰面、腻子、涂料；
卫生间：600mm × 600mm 米白色哑光瓷砖</td></tr>
<tr><td>5</td><td>天棚工程</td><td colspan="3">诊疗室：2.0mm 厚 600mm × 600mm 铝单板、U50 轻钢龙骨、双层 9.5mm 厚石膏板、腻子、涂料
药房：2.0mm 厚 600mm × 600mm 铝单板；
卫生间：0.8mm 厚 300mm × 300mm 纯白色铝板集成吊顶</td></tr>
<tr><td>6</td><td>其他装饰工程</td><td colspan="3">隔断：10.0mm 厚钢化玻璃隔断隔断；
药柜：570mm × 2 400mm × 2 800mm（宽度 × 高度 × 长度）；
吊柜：600mm × 850mm × 2 200mm（宽度 × 高度 × 长度）；
柜台：850mm × 700mm × 1 900mm（宽度 × 高度 × 长度）；
其他：单层棉麻难燃遮光窗帘</td></tr>
<tr><td colspan="5">二、通用安装工程概况信息</td></tr>
<tr><td>1</td><td>电气设备安装工程</td><td colspan="3">照明系统：防水防尘灯、LED 平板灯、φ 80mmLED 筒灯、嵌入式条形灯、开关、插座、灯带、套接紧定式镀锌钢导管、刚性阻燃电线管</td></tr>
<tr><td>2</td><td>消防工程</td><td colspan="3">水灭火系统 – 自动喷水灭火系统：热浸镀锌钢管；
火灾自动报警系统：感烟探测器、感温探测器、消防按钮、套接紧定式镀锌钢导管、铜芯低烟无卤聚氯乙烯护套控制电缆 WDZBN–KYJY、铜芯低烟无卤聚氯乙烯绞型软线 WDZCN–RVS；
电气火灾监控系统：套接紧定式镀锌钢导管、耐火低烟无卤屏蔽双绞线 WDZN–RVSP</td></tr>
<tr><td>3</td><td>给排水工程</td><td colspan="3">给水系统：无规共聚聚丙烯管（PP–R 管）；
排水系统：硬聚氯乙烯塑料排水管（UPVC 管）；
热水供应系统：60L 电热水器、无规共聚聚丙烯管（PP–R 管）；
卫生器具安装：坐式大便器、台下式洗脸盆、拖把池</td></tr>
<tr><td>4</td><td>其他特征</td><td colspan="3">—</td></tr>
</table>

表 3-1-16　党群服务中心工程概况信息

综合概况信息	工程名称	邻里中心－党群服务中心	场景类别	未来治理场景
	生活圈标识	15 分钟配套	功能区域面积 /m^2	50.29
	其他特征	—		
一、建筑与装饰工程概况信息				
1	门窗工程	门：成品木质门、木质防火门、80 系列断桥隔热铝合金平开门［（6Low-E+12A+6）mm 中空钢化玻璃］； 窗：铝合金固定窗（10.0mm 钢化玻璃）		
2	防水工程	—		
3	楼地面装饰工程	办公室：800mm × 800mm 灰色防滑地砖； 会议室：2.0mm 厚 SPC 石塑地板、15.0mm 厚实木复合地板		
4	内墙及柱面装饰工程	办公室：5.0mm 厚免漆板木饰面、腻子、涂料； 党建背景墙：10.0mm 厚亚克力 UV 印刷； 会议室：18.0mm 厚木纹铝复合吸音板、腻子、涂料		
5	天棚工程	办公室：U50 轻钢龙骨、20.0mm 厚 600mm × 600mm 矿棉板 会议室：U50 轻钢龙骨、20.0mm 厚 600mm × 600mm 矿棉板		
6	其他装饰工程	隔断：10.0mm 厚钢化玻璃隔断； 书柜：450mm × 2 600mm × 3 200mm（宽度 × 高度 × 长度）； 其他：单层棉麻难燃遮光窗帘、白色亚克力透光字		
二、通用安装工程概况信息				
1	电气设备安装工程	照明系统：ϕ 120mmLED 筒灯、LED 平板灯、ϕ 80mmLED 筒灯、嵌入式条形灯、开关、插座、灯带、套接紧定式镀锌钢导管、刚性阻燃电线管		
2	消防工程	水灭火系统－自动喷水灭火系统：热浸镀锌钢管； 火灾自动报警系统：感烟探测器、感温探测器、消防按钮、套接紧定式镀锌钢导管、铜芯低烟无卤聚氯乙烯护套控制电缆 WDZBN-KYJY、铜芯低烟无卤聚氯乙烯绞型软线 WDZCN-RVS； 电气火灾监控系统：套接紧定式镀锌钢导管、耐火低烟无卤屏蔽双绞线 WDZN-RVSP		
3	给排水工程	—		
4	其他特征	—		

表 3-1-17 社区便民服务中心工程概况信息

<table>
<tr><td rowspan="3">综合概况信息</td><td>工程名称</td><td>邻里中心－社区便民服务中心</td><td>场景类别</td><td>未来治理场景</td></tr>
<tr><td>生活圈标识</td><td>15 分钟配套</td><td>功能区域面积 /m²</td><td>497.84</td></tr>
<tr><td>其他特征</td><td colspan="3">—</td></tr>
<tr><td colspan="5">一、建筑与装饰工程概况信息</td></tr>
<tr><td>1</td><td>门窗工程</td><td colspan="3">门：成品木质门、木质防火门、80 系列断桥隔热铝合金平开门［（6Low-E+12A+6）mm 中空钢化玻璃］；
窗：铝合金固定窗（10.0mm 钢化玻璃）</td></tr>
<tr><td>2</td><td>防水工程</td><td colspan="3">楼地面（卫生间）：2.0mm 厚聚合物防水涂料；
内墙面（卫生间）：2.0mm 厚聚合物防水涂料</td></tr>
<tr><td>3</td><td>楼地面装饰工程</td><td colspan="3">服务大厅：750mm × 1 500mm 浅灰色仿大理石地砖；
卫生间：600mm × 600mm 浅灰色仿大理石地砖</td></tr>
<tr><td>4</td><td>内墙及柱面装饰工程</td><td colspan="3">服务大厅：5.0mm 厚白橡木成品木饰面、18.0mm 厚成品实木多层免漆板、25.0mm 厚成品木吸音板、18.0mm 厚木纹铝复合板、布艺硬包；
卫生间：600mm × 1 200mm 米白色哑光瓷砖</td></tr>
<tr><td>5</td><td>天棚工程</td><td colspan="3">服务大厅：U50 轻钢龙骨、双层 9.5mm 厚石膏板、0.8mm 厚银灰色磨砂金属板、腻子、涂料；
卫生间：0.8mm 厚 300mm × 300mm 纯白色铝板集成吊顶</td></tr>
<tr><td>6</td><td>其他装饰工程</td><td colspan="3">茶水台：600mm × 900mm × 3 280mm（宽度 × 高度 × 长度）；
装饰柜：500mm × 2 600mm × 840mm、300mm × 2 600mm × 6 520mm、300mm × 2 600mm × 5 360mm、400mm × 2 800mm × 3 200mm（宽度 × 高度 × 长度）；
窗帘：白色铝片百叶帘；
其他：15.0mm 厚灰色成品隔断板、15.0mm 厚灰色无机人造石洗漱台、6.0mm 厚防雾银镜</td></tr>
<tr><td colspan="5">二、通用安装工程概况信息</td></tr>
<tr><td>1</td><td>电气设备安装工程</td><td colspan="3">照明系统：LED 方形筒灯、LED 平板灯、ϕ 80mmLED 筒灯、嵌入式条形灯、开关、插座、套接紧定式镀锌钢导管、刚性阻燃电线管</td></tr>
<tr><td>2</td><td>消防工程</td><td colspan="3">水灭火系统－自动喷水灭火系统：热浸镀锌钢管；
水灭火系统－消火栓系统：消火栓箱、灭火器箱、热浸镀锌钢管；
火灾自动报警系统：感烟探测器、感温探测器、消防按钮、套接紧定式镀锌钢导管、铜芯低烟无卤聚氯乙烯护套控制电缆 WDZBN-KYJY、铜芯低烟无卤聚氯乙烯绞型软线 WDZCN-RVS；
电气火灾监控系统：套接紧定式镀锌钢导管、耐火低烟无卤屏蔽双绞线 WDZN-RVSP</td></tr>
<tr><td>3</td><td>给排水工程</td><td colspan="3">给水系统：无规共聚聚丙烯管（PP-R 管）；
排水系统：硬聚氯乙烯塑料排水管（UPVC 管）；
热水供应系统：60L 电热水器、无规共聚聚丙烯管（PP-R 管）；
卫生器具安装：坐式大便器、台下式洗脸盆、拖把池</td></tr>
<tr><td>4</td><td>其他特征</td><td colspan="3">—</td></tr>
</table>

表 3–1–18　未来社区功能区域造价指标表

工程采集类别		功能规模	指标内容			
邻里中心		1 778.96m²	门窗工程、防水工程、楼地面装饰工程、内墙及柱面装饰工程、天棚工程、其他装饰工程、电气设备安装工程、消防工程、给排水工程			
序号	未来社区场景	指标组成	场景装饰工程造价指标 /（元 /m²）			备注
			建筑与装饰	通用安装	合计	
1	未来邻里场景	社区礼堂	1 171.46	212.37	1 383.83	
2		邻里共享空间	820.47	225.64	1 046.11	
3	未来教育场景	共享书房	1 069.25	173.61	1 242.86	
4	未来健康场景	社区卫生服务中心	1 136.65	282.32	1 418.97	
5	未来治理场景	党群服务中心	949.03	137.86	1 086.89	
6		社区便民服务中心	829.06	257.68	1 086.74	含卫生间

表 3–1–19　造价指标单元分析表（一）

序号	造价单元指标名称	场景装饰工程造价指标 /（元 /m²）			备注
		社区礼堂	邻里共享空间	共享书房	
	功能区域面积 /m²	680.55	151.96	204.87	
1	建筑与装饰工程	1 171.46	820.47	1 069.25	
1.1	门窗工程	49.36	41.90	58.05	
1.2	防水工程	8.66	14.45	7.47	
1.3	楼地面装饰工程	274.52	213.90	221.44	
1.4	内墙及柱面装饰工程	290.67	145.67	139.10	
1.5	天棚工程	206.02	215.62	187.16	
1.6	其他装饰工程	332.25	178.95	446.05	
1.7	施工技术措施	9.98	9.98	9.98	
2	通用安装工程	212.37	225.64	173.61	
2.1	电气设备安装工程	107.21	103.83	132.72	
2.2	消防工程	47.19	36.40	39.75	
2.3	给排水工程	56.72	83.72	—	
2.4	施工技术措施	1.25	1.69	1.14	

表 3-1-20 造价指标单元分析表（二）

序号	造价单元指标名称	造价指标 /（元 /m²）			备注
		社区卫生服务中心	党群服务中心	社区便民服务中心	
	功能区域面积 /m²	193.45	50.29	497.84	
1	建筑与装饰工程	1 136.65	949.03	829.06	
1.1	门窗工程	44.28	110.68	53.72	
1.2	防水工程	23.73	—	9.14	
1.3	楼地面装饰工程	267.24	256.21	243.31	
1.4	内墙及柱面装饰工程	309.43	314.44	182.92	
1.5	天棚工程	270.15	198.73	200.72	
1.6	其他装饰工程	211.86	58.99	129.27	
1.7	施工技术措施	9.96	9.98	9.98	
2	通用安装工程	282.32	137.86	257.68	
2.1	电气设备安装工程	61.17	77.01	74.56	
2.2	消防工程	48.82	58.56	45.30	
2.3	给排水工程	168.86	—	136.38	
2.4	施工技术措施	3.47	2.29	1.44	

三、某未来社区项目（三）

某未来社区项目（三）概况和造价指标见表 3-1-21~ 表 3-1-30。

表 3-1-21 项目概况信息

项目名称	某未来社区项目		
未来社区类型	☑新建 □旧改 ☑引领 □普惠	受益居民 / 人	9 500
建设地点	某市某区	质量要求	合格
资金来源	国有资金投资	承发包模式	工程总承包
项目性质	☑新建□ 改建□ 扩建	绿色建筑等级	二星级
功能规模 /m²	1 950.69	计价方式	国标清单计价
造价类别	招标控制价	计价依据	2018 版计价依据
编制基期	2023 年 7 月	工程造价 / 万元	236.422 4
造价指标 /（元 /m²）	1 211.99		
其他说明	1. 本项目包括未来邻里、未来教育、未来健康、未来治理四个场景，含社区礼堂、3 岁以下婴幼儿照护服务托育机构、常青学堂、社区卫生服务中心、党群服务中心、社区便民服务中心等场景功能空间； 2. 本项目不含建筑智能化、通风空调、厨房设备、卫生医疗设施等		

表 3–1–22 社区礼堂工程概况信息

<table>
<tr><td rowspan="3">综合概况信息</td><td>工程名称</td><td>邻里中心 – 社区礼堂</td><td>场景类别</td><td>未来邻里场景</td></tr>
<tr><td>生活圈标识</td><td>15 分钟配套</td><td>功能区域面积 /m^2</td><td>679.50</td></tr>
<tr><td>其他特征</td><td colspan="3">—</td></tr>
<tr><td colspan="5">一、建筑与装饰工程概况信息</td></tr>
<tr><td>1</td><td>门窗工程</td><td colspan="3">门：成品木质门、铝合金地弹簧平开门（12.0mm 超白钢化玻璃）</td></tr>
<tr><td>2</td><td>防水工程</td><td colspan="3">楼地面（卫生间）：1.5mm 厚聚合物防水涂料；
内墙面（卫生间）：1.5mm 厚聚合物防水涂料</td></tr>
<tr><td>3</td><td>楼地面装饰工程</td><td colspan="3">礼堂：800mm × 1 600mm 浅灰色地砖；
卫生间：400mm × 400mm 浅灰色地砖；
楼梯：20.0mm 厚灰色大理石</td></tr>
<tr><td>4</td><td>内墙及柱面装饰工程</td><td colspan="3">礼堂：18.0mm 厚仿木纹生态板、腻子、涂料；
文化背景墙：18.0mm 厚成品实木多层免漆板、10.0mm 厚亚克力 UV 印刷；
卫生间：300mm × 600mm 浅灰色瓷砖；
办公室：18.0mm 厚仿木纹生态板、腻子、涂料</td></tr>
<tr><td>5</td><td>天棚工程</td><td colspan="3">礼堂：U50 轻钢龙骨、白色铝方通、12.0mm 厚石膏板、涂料；
卫生间：0.8mm 厚 600mm × 600mm 铝扣板；
办公室：U50 轻钢龙骨、12.0mm 厚石膏板、涂料</td></tr>
<tr><td>6</td><td>其他装饰工程</td><td colspan="3">储物柜：500mm × 2 300mm × 2 360mm（宽度 × 高度 × 长度）；
固定座椅：650mm × 470mm × 1 350mm（宽度 × 高度 × 长度）；
仿木纹生态板饰面壁柜：450mm × 2 600mm × 4 800mm（宽度 × 高度 × 长度）；
其他：社区 LOGO、广告展板</td></tr>
<tr><td colspan="5">二、通用安装工程概况信息</td></tr>
<tr><td>1</td><td>电气设备安装工程</td><td colspan="3">照明系统：LED 格栅射灯、LED 外延长铝板射灯、双管 LED 灯、LED 平板灯、开关、插座、套接紧定式镀锌钢导管、刚性阻燃电线管</td></tr>
<tr><td>2</td><td>消防工程</td><td colspan="3">水灭火系统 – 自动喷水灭火系统：热浸镀锌钢管；
水灭火系统 – 消火栓系统：消火栓箱、灭火器箱、热浸镀锌钢管；
火灾自动报警系统：感烟探测器、感温探测器、消防按钮、套接紧定式镀锌钢导管、铜芯低烟无卤聚氯乙烯护套控制电缆 WDZBN–KYJY、铜芯低烟无卤聚氯乙烯绞型软线 WDZCN–RVS；
电气火灾监控系统：套接紧定式镀锌钢导管、耐火低烟无卤屏蔽双绞线 WDZN–RVSP</td></tr>
<tr><td>3</td><td>给排水工程</td><td colspan="3">给水系统：无规共聚聚丙烯管（PP–R 管）；
排水系统：硬聚氯乙烯塑料排水管（UPVC 管）；
热水供应系统：150L 电热水器、无规共聚聚丙烯管（PP–R 管）；
卫生器具安装：蹲式大便器、小便器、淋浴器、台下式洗脸盆、拖把池</td></tr>
<tr><td>4</td><td>其他特征</td><td colspan="3">—</td></tr>
</table>

表 3-1-23　3 岁以下婴幼儿照护服务托育机构工程概况信息

综合概况信息	工程名称	邻里中心 -3 岁以下婴幼儿照护服务托育机构	场景类别	未来教育场景
	生活圈标识	15 分钟配套	功能区域面积 /m²	210.65
	其他特征	—		
一、建筑与装饰工程概况信息				
1	门窗工程	门：成品木质门、铝合金地弹簧平开门（12.0mm 超白钢化玻璃）		
2	防水工程	楼地面（卫生间）：1.5mm 厚聚合物防水涂料； 内墙面（卫生间）：1.5mm 厚聚合物防水涂料		
3	楼地面装饰工程	活动室：18.0mm 厚实木复合地板； 卫生间：600mm × 600mm 哑光纯灰色防滑地砖		
4	内墙及柱面装饰工程	活动室：墙面装饰贴织物软包、20.0mm 厚成品木饰面、5.0mm 厚白橡木成品木饰面、腻子、涂料； 卫生间：600mm × 600mm 米白色哑光瓷砖		
5	天棚工程	活动室：40mm × 80mm 白橡木色 U 形铝方通、U50 轻钢龙骨、12.0mm 厚石膏板、涂料； 卫生间：0.8mm 厚 300mm × 300mm 纯白色铝板集成吊顶		
6	其他装饰工程	木装饰柜：500mm × 2 600mm × 840mm、500mm × 2 600mm × 7 620mm、300mm × 2 600mm × 5 360mm（宽度 × 高度 × 长度）； 窗帘：米白色日光帘、灰色系折叠窗帘； 其他：有机玻璃字、15.0mm 厚灰色无机人造石洗漱台、6.0mm 厚防雾银镜		
二、通用安装工程概况信息				
1	电气设备安装工程	照明系统：LED 方形筒灯、LED 平板灯、ϕ 80mmLED 筒灯、嵌入式条形灯、开关、插座、套接紧定式镀锌钢导管、刚性阻燃电线管		
2	消防工程	水灭火系统 – 自动喷水灭火系统：热浸镀锌钢管； 水灭火系统 – 消火栓系统：消火栓箱、灭火器箱、热浸镀锌钢管； 火灾自动报警系统：感烟探测器、感温探测器、消防按钮、套接紧定式镀锌钢导管、铜芯低烟无卤聚氯乙烯护套控制电缆 WDZBN–KYJY、铜芯低烟无卤聚氯乙烯绞型软线 WDZCN–RVS； 电气火灾监控系统：套接紧定式镀锌钢导管、耐火低烟无卤屏蔽双绞线 WDZN–RVSP		
3	给排水工程	给水系统：无规共聚聚丙烯管（PP–R 管）； 排水系统：硬聚氯乙烯塑料排水管（UPVC 管）； 热水供应系统：90L 电热水器、无规共聚聚丙烯管（PP–R 管）； 卫生器具安装：壁挂式小便器、坐式大便器、台下式洗脸盆、拖把池		
4	其他特征	—		

表 3-1-24 常青学堂工程概况信息

综合概况信息	工程名称	邻里中心 - 常青学堂	场景类别	未来教育场景
	生活圈标识	15 分钟配套	功能区域面积 /m^2	295.94
	其他特征	—		
一、建筑与装饰工程概况信息				
1	门窗工程	门：成品木质门、黑色镜面不锈钢框玻璃平开门		
2	防水工程	—		
3	楼地面装饰工程	教室：18.0mm 厚仿木纹实木复合地板、12.0mm 厚实木复合地板； 电子阅览室：40.0mm 厚 600mm × 600mm 防静电地板		
4	内墙及柱面装饰工程	教室：18.0mm 厚仿木纹吸音板、20.0mm 厚成品木饰面、腻子、涂料； 电子阅览室：18.0mm 厚仿木纹吸音板、腻子、涂料		
5	天棚工程	教室：U50 轻钢龙骨、双层 9.5mm 厚石膏板、腻子、涂料； 电子阅览室：U50 轻钢龙骨、18.0mm 厚 600mm × 600mm 矿棉板		
6	其他装饰工程	书柜：450mm × 2 650mm × 4 150mm、450mm × 2 600mm × 2 800mm、450mm × 2 600mm × 3 200mm（宽度 × 高度 × 长度）； 窗帘：白色铝片百叶帘； 其他：智慧讲台 650mm × 850mm × 1 200mm（宽度 × 高度 × 长度）		
二、通用安装工程概况信息				
1	电气设备安装工程	照明系统：LED 方形筒灯、LED 平板灯、ϕ 80mm LED 筒灯、嵌入式条形灯、开关、插座、套接紧定式镀锌钢导管、刚性阻燃电线管		
2	消防工程	水灭火系统 - 自动喷水灭火系统：热浸镀锌钢管； 火灾自动报警系统：感烟探测器、感温探测器、消防按钮、套接紧定式镀锌钢导管、铜芯低烟无卤聚氯乙烯护套控制电缆 WDZBN-KYJY、铜芯低烟无卤聚氯乙烯绞型软线 WDZCN-RVS； 电气火灾监控系统：套接紧定式镀锌钢导管、耐火低烟无卤屏蔽双绞线 WDZN-RVSP		
3	给排水工程	—		
4	其他特征	—		

表 3-1-25 社区卫生服务中心工程概况信息

综合概况信息	工程名称	邻里中心 - 社区卫生服务中心	场景类别	未来健康场景
	生活圈标识	15 分钟配套	功能区域面积 /m^2	136.66
	其他特征	—		
一、建筑与装饰工程概况信息				
1	门窗工程	门：成品木质门、黑色镜面不锈钢框玻璃平开门		
2	防水工程	楼地面（卫生间）：1.5mm 厚聚合物防水涂料； 内墙面（卫生间）：1.5mm 厚聚合物防水涂料		

续表 3-1-25

3	楼地面装饰工程	注射室、药房:800mm×800mm 灰色防滑地砖; 诊疗室:3.0mm 厚同质透心木纹地胶板; 卫生间:300mm×300mm 灰色防滑地砖
4	内墙及柱面装饰工程	注射室、药房:2.0mm 厚 600mm×1 200mmGKF 抗菌板、5.0mm 厚白橡木成品木饰面、腻子、涂料; 诊疗室:5.0mm 厚白橡木成品木饰面、腻子、涂料; 卫生间:600mm×600mm 米白色哑光瓷砖
5	天棚工程	办公室:U50 轻钢龙骨、双层 9.5mm 厚石膏板、涂料; 注射室、药房:U50 轻钢龙骨、双层 9.5mm 厚石膏板、腻子、涂料; 卫生间:1.0mm 厚 600mm×600mm 铝扣板
6	其他装饰工程	隔断:10.0mm 厚钢化玻璃铝合金框隔断; 药柜:550mm×2 400mm×2 800mm(宽度 × 高度 × 长度); 吊柜:600mm×800mm×1 600mm(宽度 × 高度 × 长度); 柜台:850mm×700mm×1 600mm(宽度 × 高度 × 长度); 其他:15.0mm 厚高压装饰层积板隔断、20.0mm 厚白色无机人造石洗漱台、5.0mm 厚防雾银镜
二、通用安装工程概况信息		
1	电气设备安装工程	照明系统:防水防尘灯、LED 平板灯、ϕ80mmLED 筒灯、嵌入式条形灯、开关、插座、灯带、套接紧定式镀锌钢导管、刚性阻燃电线管
2	消防工程	水灭火系统 - 自动喷水灭火系统:热浸镀锌钢管; 火灾自动报警系统:感烟探测器、感温探测器、消防按钮、套接紧定式镀锌钢导管、铜芯低烟无卤聚氯乙烯护套控制电缆 WDZBN-KYJY、铜芯低烟无卤聚氯乙烯绞型软线 WDZCN-RVS; 电气火灾监控系统:套接紧定式镀锌钢导管、耐火低烟无卤屏蔽双绞线 WDZN-RVSP
3	给排水工程	给水系统:无规共聚聚丙烯管(PP-R 管); 排水系统:硬聚氯乙烯塑料排水管(UPVC 管); 热水供应系统:60L 电热水器、无规共聚聚丙烯管(PP-R 管); 卫生器具安装:壁挂式小便器、坐式大便器、台下式洗脸盆、拖把池
4	其他特征	—

表 3-1-26 党群服务中心工程概况信息

综合概况信息	工程名称	邻里中心 - 党群服务中心	场景类别	未来治理场景
	生活圈标识	15 分钟配套	功能区域面积 /m^2	305.31
	其他特征	—		
一、建筑与装饰工程概况信息				
1	门窗工程	门:成品木质门、80 系列断桥隔热铝合金平开门[(6Low-E+12A+6)mm 中空钢化玻璃]、12.0mm 超白钢化玻璃平开门		

续表 3-1-26

2	防水工程	—
3	楼地面装饰工程	办公室：15.0mm 厚实木复合地板； 会议室：15.0mm 厚实木复合地板、800mm × 800mm 灰色防滑地砖
4	内墙及柱面装饰工程	办公室：20.0mm 厚成品木饰面、腻子、涂料； 党建背景墙：10.0mm 厚亚克力 UV 印刷； 会议室：20.0mm 厚成品木饰面、腻子、涂料
5	天棚工程	办公室：U50 轻钢龙骨、12.0mm 厚石膏板、腻子、涂料； 会议室：U50 轻钢龙骨、A 级透光软膜天花、20.0mm 厚 600mm × 600mm 矿棉板、腻子、涂料
6	其他装饰工程	矮柜：450mm × 750mm × 4 450mm（宽度 × 高度 × 长度）； 书柜：450mm × 2 600mm × 3 200mm（宽度 × 高度 × 长度）； 窗帘：白色铝片百叶帘； 其他：白色亚克力透光字
二、通用安装工程概况信息		
1	电气设备安装工程	照明系统：LED 格栅射灯、LED 面板灯、开关、插座、灯带、套接紧定式镀锌钢导管、刚性阻燃电线管
2	消防工程	水灭火系统 - 自动喷水灭火系统：热浸镀锌钢管； 火灾自动报警系统：感烟探测器、感温探测器、消防按钮、套接紧定式镀锌钢导管、铜芯低烟无卤聚氯乙烯护套控制电缆 WDZBN-KYJY、铜芯低烟无卤聚氯乙烯绞型软线 WDZCN-RVS； 电气火灾监控系统：套接紧定式镀锌钢导管、耐火低烟无卤屏蔽双绞线 WDZN-RVSP
3	给排水工程	—
4	其他特征	—

表 3-1-27　社区便民服务中心工程概况信息

综合概况信息	工程名称	邻里中心 - 社区便民服务中心	场景类别	未来治理场景
	生活圈标识	15 分钟配套	功能区域面积 /m²	322.63
	其他特征			
一、建筑与装饰工程概况信息				
1	门窗工程	门：成品木质门、80 系列断桥隔热铝合金平开门［（6Low-E+12A+6）mm 中空钢化玻璃］、12.0mm 超白钢化玻璃平开门		
2	防水工程	楼地面（卫生间）：1.5mm 厚聚合物防水涂料； 内墙面（卫生间）：1.5mm 厚聚合物防水涂料		
3	楼地面装饰工程	服务大厅：800mm × 1 600mm 浅灰色仿大理石地砖； 卫生间：300mm × 300mm 浅灰色仿大理石地砖		

续表 3-1-27

4	内墙及柱面装饰工程	服务大厅：12.0mm 厚白色钢化烤漆玻璃、25.0mm 厚成品木吸音板、18.0mm 厚木纹铝复合板； 卫生间：300mm × 600mm 米白色哑光瓷砖
5	天棚工程	服务大厅：U50 轻钢龙骨、双层 9.5mm 厚石膏板、腻子、涂料； 卫生间：0.8mm 厚 300mm × 300mm 纯白色铝板集成吊顶
6	其他装饰工程	装饰柜：500mm × 2 600mm × 5 280mm（宽度 × 高度 × 长度）； 服务台：800mm × 1 100mm × 3 200mm（宽度 × 高度 × 长度）； 窗帘：白色铝片百叶帘； 其他：15.0mm 厚灰色无机人造石洗漱台、6.0mm 厚防雾银镜
二、通用安装工程概况信息		
1	电气设备安装工程	照明系统：LED 格栅射灯、LED 方形筒灯、LED 平板灯、ϕ 80mmLED 筒灯、嵌入式条形灯、开关、插座、套接紧定式镀锌钢导管、刚性阻燃电线管
2	消防工程	水灭火系统 - 自动喷水灭火系统：热浸镀锌钢管； 水灭火系统 - 消火栓系统：消火栓箱、灭火器箱、热浸镀锌钢管； 火灾自动报警系统：感烟探测器、感温探测器、消防按钮、套接紧定式镀锌钢导管、铜芯低烟无卤聚氯乙烯护套控制电缆 WDZBN-KYJY、铜芯低烟无卤聚氯乙烯绞型软线 WDZCN-RVS； 电气火灾监控系统：套接紧定式镀锌钢导管、耐火低烟无卤屏蔽双绞线 WDZN-RVSP
3	给排水工程	给水系统：无规共聚聚丙烯管（PP-R 管）； 排水系统：硬聚氯乙烯塑料排水管（UPVC 管）； 热水供应系统：60L 电热水器、无规共聚聚丙烯管（PP-R 管）； 卫生器具安装：壁挂式小便器、蹲式大便器、台下式洗脸盆、拖把池
4	其他特征	—

表 3-1-28　未来社区功能区域造价指标表

工程采集类别		功能规模	指标内容			
邻里中心		1 950.69m²	门窗工程、防水工程、楼地面装饰工程、内墙及柱面装饰工程、天棚工程、其他装饰工程、电气设备安装工程、消防工程、给排水工程			
序号	未来社区场景	指标组成	场景装饰工程造价指标 /（元 /m²）			备注
			建筑与装饰	通用安装	合计	
1	未来邻里场景	社区礼堂	1 153.22	189.90	1 343.12	
2	未来教育场景	3 岁以下婴幼儿照护服务托育机构	1 169.24	242.72	1 411.96	
3		常青学堂	783.29	120.54	903.83	
4	未来健康场景	社区卫生服务中心	1 113.49	244.44	1 357.93	
5	未来治理场景	党群服务中心	975.32	142.41	1 117.73	
6		社区便民服务中心	847.78	267.58	1 115.36	含卫生间

表 3-1-29　造价指标单元分析表（一）

序号	造价单元指标名称	场景装饰工程造价指标 /（元 /m²）			备注
		社区礼堂	3 岁以下婴幼儿照护服务托育机构	常青学堂	
	功能区域面积 /m²	**679.50**	**210.65**	**295.94**	
1	建筑与装饰工程	1 153.22	1 169.24	783.29	
1.1	门窗工程	67.01	40.50	32.62	
1.2	防水工程	19.44	9.16	—	
1.3	楼地面装饰工程	312.86	316.61	228.85	
1.4	内墙及柱面装饰工程	194.33	375.92	176.50	
1.5	天棚工程	409.17	230.26	210.2	
1.6	其他装饰工程	140.38	186.28	125.22	
1.7	施工技术措施	10.03	10.51	9.90	
2	通用安装工程	189.90	242.72	120.54	
2.1	电气设备安装工程	85.93	91.70	77.23	
2.2	消防工程	52.75	50.16	42.06	
2.3	给排水工程	49.52	98.48	—	
2.4	施工技术措施	1.70	2.38	1.25	

表 3-1-30　造价指标单元分析表（二）

序号	造价单元指标名称	场景装饰工程造价指标 /（元 /m²）			备注
		社区卫生服务中心	党群服务中心	社区便民服务中心	
	功能区域面积 /m²	**136.66**	**305.31**	**322.63**	
1	建筑与装饰工程	1 113.49	975.32	847.78	
1.1	门窗工程	50.72	42.35	49.50	
1.2	防水工程	11.26	—	9.46	
1.3	楼地面装饰工程	314.58	267.33	263.16	
1.4	内墙及柱面装饰工程	241.90	220.92	202.00	
1.5	天棚工程	236.88	221.87	186.74	
1.6	其他装饰工程	248.12	212.91	126.85	
1.7	施工技术措施	10.03	9.94	10.07	
2	通用安装工程	244.44	142.41	267.58	
2.1	电气设备安装工程	97.97	91.24	94.49	
2.2	消防工程	48.46	49.86	47.17	
2.3	给排水工程	94.59	—	123.83	
2.4	施工技术措施	3.42	1.31	2.09	

四、某未来社区项目（四）

某未来社区项目（四）概况和造价指标见表 3-1-31~ 表 3-1-40。

表 3-1-31 项目概况信息

项目名称	某未来社区项目		
未来社区类型	☑新建 ☐旧改	受益居民 / 人	15 000
	☐引领 ☑普惠		
建设地点	某市某区	质量要求	合格
资金来源	国有资金投资	承发包模式	施工总承包
项目性质	☑新建 ☐改建 ☐扩建	绿色建筑等级	一星级
功能规模 /m²	3 337.63	计价方式	国标清单计价
造价类别	招标控制价	计价依据	2018 版计价依据
编制基期	2023 年 7 月	工程造价 / 万元	352.849 0
造价指标 /（元 /m²）	1 057.18		
其他说明	1. 本项目包括未来邻里、未来教育、未来健康、未来治理四个场景，含邻里共享空间、幸福学堂、共享书房、社区卫生服务中心、社区食堂、社区便民服务中心等场景功能空间； 2. 本项目不含建筑智能化、通风空调、厨房设备、卫生医疗设施等		

表 3-1-32 邻里共享空间工程概况信息

综合概况信息	工程名称	邻里中心 – 邻里共享空间	场景类别	未来邻里场景
	生活圈标识	15 分钟配套	功能区域面积 /m²	1 409.56
	其他特征	本场景邻里共享空间为不封闭的架空层区域		
一、建筑与装饰工程概况信息				
1	门窗工程	门：木质防火门、80 系列断桥隔热铝合金平开门［（6Low–E+12A+6）mm 中空钢化玻璃］		
2	防水工程	楼地面（架空层）：1.5mm 厚聚合物防水涂料		
3	楼地面装饰工程	架空层：25.0mm 厚花岗岩火烧板、25.0mm 厚防腐木地板		
4	内墙及柱面装饰工程	架空层：18.0mm 厚仿木纹生态板、腻子、艺术涂料、300mm × 600mm 浅灰色仿石材瓷砖； 文化背景墙：18.0mm 厚成品实木多层免漆板、10.0mm 厚亚克力 UV 印刷		
5	天棚工程	架空层：40mm × 100mm 仿木纹铝方通格栅、U50 轻钢龙骨、双层 9.5mm 厚石膏板、腻子、涂料		
6	其他装饰工程	隔断：25mm × 75mm 仿木纹铝方通隔断； 服务台：600mm × 950mm × 2 400mm（宽度 × 高度 × 长度）； 木装饰柜：500mm × 2 520mm × 3 200mm（宽度 × 高度 × 长度）； 其他：20.0mm 厚白色石英石洗漱台、25.0mm 防腐木固定座椅		

续表 3-1-32

二、通用安装工程概况信息		
1	电气设备安装工程	照明系统：吸顶灯、长条吊线灯、多信息复合灯、开关、插座、套接紧定式镀锌钢导管、刚性阻燃电线管
2	消防工程	水灭火系统－自动喷水灭火系统：热浸镀锌钢管； 水灭火系统－消火栓系统：消火栓箱、灭火器箱、热浸镀锌钢管； 火灾自动报警系统：感烟探测器、感温探测器、消防按钮、套接紧定式镀锌钢导管、铜芯低烟无卤聚氯乙烯护套控制电缆 WDZBN-KYJY、铜芯低烟无卤聚氯乙烯绞型软线 WDZCN-RVS； 电气火灾监控系统：套接紧定式镀锌钢导管、耐火低烟无卤屏蔽双绞线 WDZN-RVSP
3	给排水工程	排水系统：硬聚氯乙烯塑料排水管（UPVC 管）
4	其他特征	—

表 3-1-33　幸福学堂工程概况信息

综合概况信息	工程名称	邻里中心－幸福学堂	场景类别	未来教育场景
	生活圈标识	15 分钟配套	功能区域面积 /m^2	145.94
	其他特征	—		
一、建筑与装饰工程概况信息				
1	门窗工程	门：成品木质门、铝合金平开门（12.0mm 超白钢化玻璃）； 窗：铝合金固定窗（12.0mm 钢化玻璃）		
2	防水工程	—		
3	楼地面装饰工程	教室：4.0mm 厚仿水磨石塑胶地板； 办公室：18.0mm 厚仿木纹实木复合地板		
4	内墙及柱面装饰工程	教室：18.0mm 厚仿木纹吸音板、腻子、涂料； 办公室：腻子、涂料		
5	天棚工程	教室：U50 轻钢龙骨、18.0mm 厚玻镁防火板、腻子、涂料； 办公室：U50 轻钢龙骨、双层 9.5mm 厚石膏板、腻子、涂料		
6	其他装饰工程	隔断：12.0mm 厚钢化玻璃隔断、成品木格栅隔断； 教室讲台：750mm × 900mm × 1 600mm（宽度 × 高度 × 长度）； 木装饰柜：350mm × 2 300mm × 1 180mm、400mm × 2 300mm × 1 180mm（宽度 × 高度 × 长度）； 窗帘：单层棉麻难燃遮光卷帘		
二、通用安装工程概况信息				
1	电气设备安装工程	照明系统：黑板灯、嵌入式小射灯、LED 软灯带、线条灯、吊扇、开关、插座、套接紧定式镀锌钢导管、刚性阻燃电线管		

续表 3-1-33

2	消防工程	水灭火系统 - 自动喷水灭火系统：热浸镀锌钢管； 火灾自动报警系统：感烟探测器、感温探测器、消防按钮、套接紧定式镀锌钢导管、铜芯低烟无卤聚氯乙烯护套控制电缆 WDZBN-KYJY、铜芯低烟无卤聚氯乙烯绞型软线 WDZCN-RVS； 电气火灾监控系统：套接紧定式镀锌钢导管、耐火低烟无卤屏蔽双绞线 WDZN-RVSP
3	给排水工程	—
4	其他特征	—

表 3-1-34 共享书房工程概况信息

综合概况信息	工程名称	邻里中心 - 共享书房	场景类别	未来教育场景
	生活圈标识	15 分钟配套	功能区域面积 /m^2	297.56
	其他特征	—		
一、建筑与装饰工程概况信息				
1	门窗工程	门：成品木质门、铝合金平开门（12.0mm 超白钢化玻璃）； 窗：铝合金固定窗（12.0mm 钢化玻璃）		
2	防水工程	—		
3	楼地面装饰工程	阅览室：5.0mm 厚水泥基环氧自流平地面； 办公室：15.0mm 厚白橡木多层实木地板		
4	内墙及柱面装饰工程	阅览室：旧木板碳化处理 45° 斜拼、腻子、涂料； 办公室：轻钢龙骨、9.5mm 厚石膏板、腻子、涂料		
5	天棚工程	阅览室：U60 轻钢龙骨、双层 9.5mm 厚石膏板、旧木板碳化处理 45° 斜拼、涂料； 办公室：U50 轻钢龙骨、双层 9.5mm 厚石膏板、涂料		
6	其他装饰工程	隔断：12.0mm 厚钢化玻璃隔断、成品木格栅隔断； 书柜：450mm × 3 500mm × 4 260mm、450 × 3 500mm × 4 720mm、450mm × 3 500mm × 2 710mm、450mm × 2 400mm × 4 450mm、450mm × 2 400mm × 3 340mm（宽度 × 高度 × 长度）； 其他：亚克力悬浮字体、仿真绿植墙、休息舱（8.0mm 厚白橡木饰面，10.0mm 厚钢化玻璃门）		
二、通用安装工程概况信息				
1	电气设备安装工程	照明系统：轨道射灯、1 200mm 双管吊线灯、吸顶灯、嵌入式射灯、LED 软灯带、线条灯、吊扇、开关、插座、套接紧定式镀锌钢导管、刚性阻燃电线管		
2	消防工程	水灭火系统 - 自动喷水灭火系统：热浸镀锌钢管； 火灾自动报警系统：感烟探测器、感温探测器、消防按钮、套接紧定式镀锌钢导管、铜芯低烟无卤聚氯乙烯护套控制电缆 WDZBN-KYJY、铜芯低烟无卤聚氯乙烯绞型软线 WDZCN-RVS； 电气火灾监控系统：套接紧定式镀锌钢导管、耐火低烟无卤屏蔽双绞线 WDZN-RVSP		

续表 3-1-34

3	给排水工程	给水系统：无规共聚聚丙烯管（PP-R 管）； 排水系统：硬聚氯乙烯塑料排水管（UPVC 管）； 卫生器具安装：洗涤盆
4	其他特征	—

表 3-1-35　社区卫生服务中心工程概况信息

综合概况信息	工程名称	邻里中心 - 社区卫生服务中心	场景类别	未来健康场景
	生活圈标识	15 分钟配套	功能区域面积 /m^2	337.81
	其他特征	—		
一、建筑与装饰工程概况信息				
1	门窗工程	门：成品木质门、铝合金地弹簧平开门（12.0mm 超白钢化玻璃）； 窗：100 系列断桥隔热铝合金固定窗［（5+12A+5）mm 中空钢化玻璃］		
2	防水工程	楼地面（卫生间）：1.5mm 厚聚合物防水涂料； 内墙面（卫生间）：1.5mm 厚聚合物防水涂料		
3	楼地面装饰工程	大厅：800mm × 800mm 浅灰色仿大理石地砖、5.0mm 厚 SPC 石塑地板； 肌注室、药房：3.0mm 厚 SPC 石塑地板； 卫生间：600mm × 600mm 浅灰色仿大理石地砖		
4	内墙及柱面装饰工程	大厅：18.0mm 成品实木多层免漆板（干挂）、腻子、涂料； 肌注室、药房：2.0mm 厚 600mm × 1 200mmGKF 抗菌板、腻子、涂料； 卫生间：600mm × 600mm 浅灰色仿石材瓷砖		
5	天棚工程	大厅：U50 轻钢龙骨、双层 9.5mm 厚石膏板、涂料； 肌注室、药房：U50 轻钢龙骨、双层 9.5mm 厚石膏板、涂料； 卫生间：1.0mm 厚 600mm × 600mm 铝扣板		
6	其他装饰工程	隔断：12.0mm 厚钢化玻璃隔断； 药柜：600mm × 2 400mm × 3 140mm（宽度 × 高度 × 长度）； 肌注室吊柜：600mm × 800mm × 2 400mm（宽度 × 高度 × 长度）； 肌注室柜台：850mm × 700mm × 2 400mm（宽度 × 高度 × 长度）； 其他：15.0mm 厚高压装饰层积板隔断、20.0mm 厚白色无机人造石洗漱台、5.0mm 厚防雾银镜		
二、通用安装工程概况信息				
1	电气设备安装工程	照明系统：嵌入式筒灯、嵌入式斗胆灯、吸顶灯、嵌入式射灯、防紫外线灯具、LED 软灯带、开关、插座、套接紧定式镀锌钢导管、刚性阻燃电线管		
2	消防工程	水灭火系统 - 自动喷水灭火系统：热浸镀锌钢管； 水灭火系统 - 消火栓系统：消火栓箱、灭火器箱、热浸镀锌钢管； 火灾自动报警系统：感烟探测器、感温探测器、消防按钮、套接紧定式镀锌钢导管、铜芯低烟无卤聚氯乙烯护套控制电缆 WDZBN-KYJY、铜芯低烟无卤聚氯乙烯绞型软线 WDZCN-RVS； 电气火灾监控系统：套接紧定式镀锌钢导管、耐火低烟无卤屏蔽双绞线 WDZN-RVSP		

续表 3-1-35

3	给排水工程	给水系统:无规共聚聚丙烯管(PP-R 管); 排水系统:硬聚氯乙烯塑料排水管(UPVC 管); 热水供应系统:60 L 电热水器、无规共聚聚丙烯管(PP-R 管); 卫生器具安装:坐式大便器、感应式小便器、成套沐浴器、台下式洗脸盆、拖把池
4	其他特征	—

表 3-1-36　社区食堂工程概况信息

综合概况信息	工程名称	邻里中心 - 社区食堂	场景类别	未来健康场景
	生活圈标识	15 分钟配套	功能区域面积 /m²	311.45
	其他特征	—		
一、建筑与装饰工程概况信息				
1	门窗工程	门:钢制防火门、铝合金地弹簧平开门[(5+12A+5)mm 中空钢化玻璃]、铝合金移门(5.0mm 厚钢化玻璃); 窗:铝合金百叶内衬防鼠防蝇金刚网、8.0mm 厚防火防爆玻璃窗		
2	防水工程	楼地面(厨房、卫生间):1.5mm 厚聚合物防水涂料; 内墙面(厨房、卫生间):1.5mm 厚聚合物防水涂料		
3	楼地面装饰工程	食堂、厨房:800mm × 800mm 深灰水磨石地砖、400mm × 400mm 红缸砖、20.0mm 厚灰色防水地毯; 办公室:800mm × 800mm 仿木纹色抛光砖; 卫生间:600mm × 600mm 灰色防滑地砖		
4	内墙及柱面装饰工程	食堂、厨房:600mm × 1 200mm 白色仿石材瓷砖、腻子、涂料; 办公室:18.0mm 厚成品实木多层免漆板、腻子、涂料; 卫生间:300mm × 600mm 灰色仿木纹墙砖		
5	天棚工程	食堂、厨房:1.0mm 厚 600mm × 600mm 铝扣板、U60 轻钢龙骨、1.2mm 厚 50mm × 100mm 间距 120mm 仿木纹中空铝方通格栅、双层 9.5mm 厚石膏板、腻子、涂料; 办公室:U60 轻钢龙骨、双层 9.5mm 厚石膏板、腻子、涂料; 卫生间:1.0mm 厚 600 × 600mm 铝扣板		
6	其他装饰工程	隔断:12.0mm 厚钢化玻璃隔断、成品木格栅隔断; 打菜台:800mm × 700mm × 13 115mm(宽度 × 高度 × 长度); 木饰面酒水柜:600mm × 800mm × 2 400mm(宽度 × 高度 × 长度); 收银台:850mm × 700mm × 2 400mm(宽度 × 高度 × 长度); 卡座:650mm × 470mm × 8 500mm(宽度 × 高度 × 长度); 其他:不锈钢设备台、15.0mm 厚高压装饰层积板隔断、20.0mm 厚白色无机人造石洗漱台		
二、通用安装工程概况信息				
1	电气设备安装工程	照明系统:防爆灯、保温灯、圆形吊线灯、吸顶灯、LED 软灯带、线条灯、吊扇、开关、插座、套接紧定式镀锌钢导管、刚性阻燃电线管		

续表 3-1-36

2	消防工程	水灭火系统－自动喷水灭火系统：热浸镀锌加厚钢管； 水灭火系统－消火栓系统：消火栓箱、灭火器箱、热浸镀锌加厚钢管； 火灾自动报警系统：感烟探测器、感温探测器、消防按钮、套接紧定式镀锌钢导管、铜芯低烟无卤聚氯乙烯护套控制电缆 WDZBN-KYJY、铜芯低烟无卤聚氯乙烯绞型软线 WDZCN-RVS； 电气火灾监控系统：套接紧定式镀锌钢导管、耐火低烟无卤屏蔽双绞线 WDZN-RVSP
3	给排水工程	给水系统：无规共聚聚丙烯管（PP-R 管）； 排水系统：硬聚氯乙烯塑料排水管（UPVC 管）； 热水供应系统：60 L 电热水器、无规共聚聚丙烯管（PP-R 管）； 卫生器具安装：坐式大便器、挂式小便器、成套沐浴器、台下式洗脸盆、拖把池
4	其他特征	—

表 3-1-37　社区便民服务中心工程概况信息

<table>
<tr><td rowspan="3">综合概况信息</td><td>工程名称</td><td>邻里中心－社区便民服务中心</td><td>场景类别</td><td>未来治理场景</td></tr>
<tr><td>生活圈标识</td><td>15 分钟配套</td><td>功能区域面积 /m²</td><td>835.31</td></tr>
<tr><td>其他特征</td><td colspan="3">—</td></tr>
<tr><td colspan="5">一、建筑与装饰工程概况信息</td></tr>
<tr><td>1</td><td>门窗工程</td><td colspan="3">门：成品木质门、80 系列铝合金平开门（12.0mm 超白钢化玻璃）</td></tr>
<tr><td>2</td><td>防水工程</td><td colspan="3">楼地面（卫生间）：1.5mm 厚聚合物防水涂料；
内墙面（卫生间）：1.5mm 厚聚合物防水涂料</td></tr>
<tr><td>3</td><td>楼地面装饰工程</td><td colspan="3">服务大厅：800mm × 800mm 浅灰色仿大理石地砖、4.0mm 厚彩色塑胶地板；
办公室：5.0mm 厚 SPC 石塑地板；
卫生间：600mm × 600mm 浅灰色仿大理石地砖</td></tr>
<tr><td>4</td><td>内墙及柱面装饰工程</td><td colspan="3">服务大厅：18.0mm 厚成品实木多层免漆板、仿真绿色植物饰面、18.0mm 厚木纹铝复合板、布艺硬包；
办公室：18.0mm 厚成品实木多层免漆板、腻子、涂料；
卫生间：400mm × 800mm 浅灰色仿石材瓷砖</td></tr>
<tr><td>5</td><td>天棚工程</td><td colspan="3">服务大厅：U50 轻钢龙骨、双层 9.5mm 厚石膏板、40mm × 100mm 仿木纹铝方通、18.0mm 厚仿木纹冰火板、涂料；
办公室：U50 轻钢龙骨、双层 9.5mm 厚石膏板、腻子、涂料；
卫生间：0.7mm 厚 300mm × 600mm 铝扣板</td></tr>
<tr><td>6</td><td>其他装饰工程</td><td colspan="3">隔断：12.0mm 厚钢化玻璃隔断、成品木格栅隔断；
书柜：450mm × 3 500mm × 4 260mm、450 × 3 500mm × 4 720mm、450mm × 3 500mm × 2 710mm、450mm × 2 400mm × 4 450mm、450mm × 2 400mm × 3 340mm（宽度 × 高度 × 长度）；</td></tr>
</table>

续表 3-1-37

6	其他装饰工程	服务台:600mm × 750mm × 6 400mm(宽度 × 高度 × 长度); 窗帘:单层棉麻难燃遮光卷帘、单层棉麻难燃遮光拉帘; 其他:15.0mm 厚高压装饰层积板隔断、15.0mm 厚深灰色无机人造石洗漱台、6.0mm 厚防雾银镜
二、通用安装工程概况信息		
1	电气设备安装工程	照明系统:工艺吊灯、嵌入式筒灯、嵌入式斗胆灯、吸顶灯、嵌入式射灯、LED 软灯带、开关、插座、套接紧定式镀锌钢导管、刚性阻燃电线管
2	消防工程	水灭火系统 - 自动喷水灭火系统:热浸镀锌钢管; 水灭火系统 - 消火栓系统:消火栓箱、灭火器箱、热浸镀锌钢管; 火灾自动报警系统:感烟探测器、感温探测器、消防按钮、套接紧定式镀锌钢导管、铜芯低烟无卤聚氯乙烯护套控制电缆 WDZBN-KYJY、铜芯低烟无卤聚氯乙烯绞型软线 WDZCN-RVS; 电气火灾监控系统:套接紧定式镀锌钢导管、耐火低烟无卤屏蔽双绞线 WDZN-RVSP
3	给排水工程	给水系统:无规共聚聚丙烯管(PP-R 管); 排水系统:硬聚氯乙烯塑料排水管(UPVC 管); 卫生器具安装:坐式大便器、感应式小便器、成套沐浴器、台下式洗脸盆、拖把池
4	其他特征	—

表 3-1-38 未来社区功能区域造价指标表

工程采集类别		功能规模	指标内容			
邻里中心		3 337.63 m^2	门窗工程、防水工程、楼地面装饰工程、内墙及柱面装饰工程、天棚工程、其他装饰工程、电气设备安装工程、建筑智能化工程、消防工程、通风空调工程、给排水工程			
序号	未来社区场景	指标组成	场景装饰工程造价指标 /(元 /m^2)			备注
			建筑与装饰	通用安装	合计	
1	未来邻里场景	邻里共享空间	642.45	147.52	789.97	
2	未来教育场景	幸福学堂	786.59	135.04	921.63	
3		共享书房	1 037.41	157.95	1 195.36	
4	未来健康场景	社区卫生服务中心	1 085.41	263.33	1 348.74	
5		社区食堂	1 215.14	401.62	1 616.76	
6	未来治理场景	社区便民服务中心	851.00	305.01	1 156.01	含卫生间

表 3-1-39　造价指标单元分析表（一）

序号	造价单元指标名称	场景装饰工程造价指标 /(元 /m^2)			备注
		邻里共享空间	幸福学堂	共享书房	
	功能区域面积 /m^2	1 409.56	145.94	297.56	
1	建筑与装饰工程	642.45	786.59	1 037.41	
1.1	门窗工程	15.61	37.57	19.58	
1.2	防水工程	6.48	—	—	
1.3	楼地面装饰工程	228.82	247.29	265.53	
1.4	内墙及柱面装饰工程	101.57	151.67	112.30	
1.5	天棚工程	251.41	217.73	215.37	
1.6	其他装饰工程	28.11	121.85	414.49	
1.7	施工技术措施	10.45	10.48	10.14	
2	通用安装工程	147.52	135.04	157.95	
2.1	电气设备安装工程	95.96	88.67	112.86	
2.2	消防工程	41.47	44.99	43.63	
2.3	给排水工程	8.47	—	—	
2.4	施工技术措施	1.62	1.38	1.46	

表 3-1-40　造价指标单元分析表（二）

序号	造价单元指标名称	场景装饰工程造价指标 /(元 /m^2)			备注
		社区卫生服务中心	社区食堂	社区便民服务中心	
	功能区域面积 /m^2	337.81	311.45	835.31	
1	建筑与装饰工程	1 085.41	1 215.14	851.00	
1.1	门窗工程	31.64	49.98	28.02	
1.2	防水工程	8.15	19.78	3.56	
1.3	楼地面装饰工程	238.23	277.99	229.72	
1.4	内墙及柱面装饰工程	270.84	366.76	197.26	
1.5	天棚工程	234.64	259.36	272.61	
1.6	其他装饰工程	291.79	231.21	109.59	
1.7	施工技术措施	10.12	10.06	10.24	
2	通用安装工程	263.33	401.62	305.01	

续表 3-1-40

序号	造价单元指标名称	场景装饰工程造价指标 /(元 /m²)			备注
		社区卫生服务中心	社区食堂	社区便民服务中心	
	功能区域面积 /m²	337.81	311.45	835.31	
2.1	电气设备安装工程	114.47	200.02	99.21	
2.2	消防工程	51.30	90.70	41.37	
2.3	给排水工程	95.72	107.10	161.96	
2.4	施工技术措施	1.84	3.80	2.47	

五、某未来社区项目(五)

某未来社区项目(五)概况和造价指标见表 3-1-41~ 表 3-1-54。

表 3-1-41 项目概况信息

项目名称	某市未来社区项目		
未来社区类型	☑新建 □旧改 □引领 ☑普惠	受益居民 / 人	9 915
建设地点	某市某区	质量要求	合格
资金来源	国有资金投资	承发包模式	工程总承包
项目性质	☑新建 □改建 □扩建	绿色建筑等级	二星级
功能规模 /m²	16 706.08	计价方式	国标清单计价
造价类别	招标控制价	计价依据	2018 版计价依据
编制基期	2023 年 7 月	工程造价 / 万元	2 078.092 1
造价指标 /(元 /m²)	1 243.91		
其他说明	1. 本项目包括未来邻里、未来教育、未来健康、未来治理四个场景,含社区礼堂、邻里共享空间、幸福学堂、常青学堂、社区卫生服务中心、养老服务中心(日间照料中心)、社区食堂、党群服务中心、社区便民服务中心等场景功能空间; 2. 本项目不含建筑智能化、通风空调、厨房设备、卫生医疗设施等		

表 3-1-42 社区礼堂工程概况信息

综合概况信息	工程名称	邻里中心 - 社区礼堂	场景类别	未来邻里场景
	生活圈标识	15 分钟配套	功能区域面积 /m²	1 326.64
	其他特征	—		
一、建筑与装饰工程概况信息				
1	门窗工程	门:成品木质门、钢制防火门、有框钢化玻璃平开门(12mm 超白钢化玻璃)		

续表 3-1-42

2	防水工程	楼地面(卫生间、茶水间):2.0mm 厚聚合物防水涂料; 内墙面(卫生间、茶水间):2.0mm 厚聚合物防水涂料
3	楼地面装饰工程	门厅:20.0mm 厚 750mm × 1 500mm 现代米黄大理石; 礼堂活动室:7.0mm 厚仿木纹石塑地板; 卫生间:800mm × 800mm 米黄色仿石纹防滑地砖
4	内墙及柱面装饰工程	门厅:20.0mm 厚 750mm × 1 500mm 现代米黄大理石(干挂)、1.2mm 厚古铜色不锈钢饰面板; 礼堂:20.0mm 厚 750mm × 1 500mm 现代米黄大理石(干挂)、18.0mm 厚成品实木科技木纹饰面板、18.0mm 厚成品难燃墙布软包、腻子、涂料; 文化背景墙:1.2mm 厚古铜色不锈钢饰面板、1.2mm 厚 40mm × 120mm 间距 80mm 仿木纹铝方通、10.0mm 厚亚克力 UV 印刷; 卫生间:400mm × 800mm 米黄色仿石纹墙砖
5	天棚工程	门厅:U50 轻钢龙骨、双层 9.5mm 厚石膏板、腻子、涂料; 礼堂:1.2mm 厚 40mm × 70mm 间距 80mm 白哑光铝方通、U50 轻钢龙骨、双层 9.5mm 厚石膏板、腻子、涂料; 卫生间:U50 轻钢龙骨、双层 9.5mm 厚防水石膏板、腻子、涂料
6	其他装饰工程	隔断:12.0mm 厚钢化玻璃不锈钢金属框玻璃隔断、18.0mm 厚仿木纹专用成品隔断; 护窗栏杆:铝合金栏杆(H=1 100mm); 装饰柜:350mm × 2 760mm × 3 000mm、600mm × 2 400mm × 900mm、600mm × 800mm × 3 595mm(宽度 × 高度 × 长度); 服务台:850mm × 1 100mm × 3 900mm(宽度 × 高度 × 长度); 其他:20.0mm 厚米色大理石窗台板、20.0mm 厚白色人造大理石洗漱台、6.0mm 厚车边银镜、无障碍卫生间 ϕ 40.0mm 不锈钢安全扶手
二、通用安装工程概况信息		
1	电气设备安装工程	照明系统:ϕ 100mmLED 筒灯、双头斗胆灯、LED 灯带、嵌入式 LED 长条灯、套接紧定式镀锌钢导管、刚性阻燃电线管、开关、插座
2	消防工程	水灭火系统 - 自动喷水灭火系统:热浸镀锌钢管; 水灭火系统 - 消火栓系统:热浸镀锌钢管、消火栓、灭火器; 火灾自动报警系统:热浸镀锌钢管、铜芯低烟无卤电线 WDZN-BYJ、铜芯低烟无卤聚氯乙烯护套屏蔽软线 WDZN-RYJS、低烟无卤阻燃控制电缆 WDZN-KVV、感温探测器、感烟探测器、消防按钮; 电气火灾监控系统:热浸镀锌钢管、耐火低烟无卤屏蔽双绞线 WDZN-RVSP
3	给排水工程	给水系统:衬塑复合钢管、无规共聚聚丙烯管(PP-R 管); 排水系统:热浸镀锌钢管、涂塑管衬塑复合钢管、硬聚氯乙烯塑料排水管(UPVC 管); 热水供应系统:薄壁不锈钢管、橡塑保温; 卫生器具安装:坐式大便器、壁挂小便器、台下式洗脸盆、拖把池
4	其他特征	—

表 3-1-43 邻里共享空间工程概况信息

<table>
<tr><td rowspan="3">综合概况信息</td><td>工程名称</td><td>商品住宅 - 邻里共享空间</td><td>场景类别</td><td>未来邻里场景</td></tr>
<tr><td>生活圈标识</td><td>15 分钟配套</td><td>功能区域面积 /m^2</td><td>4 000.71</td></tr>
<tr><td>其他特征</td><td colspan="3">本场景邻里共享空间为不封闭的架空层区域</td></tr>
<tr><td colspan="5">一、建筑与装饰工程概况信息</td></tr>
<tr><td>1</td><td>门窗工程</td><td colspan="3">门:成品木质门、钢制防火门、有框钢化玻璃平开门(12.0mm 超白钢化玻璃)</td></tr>
<tr><td>2</td><td>防水工程</td><td colspan="3">楼地面(卫生间、茶水间):2.0mm 厚聚合物防水涂料;
内墙面(卫生间、茶水间):2.0mm 厚聚合物防水涂料</td></tr>
<tr><td>3</td><td>楼地面装饰工程</td><td colspan="3">架空层:750mm × 1 500mm 灰色防滑地砖、750mm × 1 500mm 米黄通体仿大理石大板砖、2.0mm 厚同质透心塑胶板;
卫生间:800mm × 800mm 米黄色仿石纹防滑地砖</td></tr>
<tr><td>4</td><td>内墙及柱面装饰工程</td><td colspan="3">架空层:2.0mm 厚木纹转印装饰铝单板、1.2mm 厚古铜拉丝不锈钢饰面板、750mm × 1 500mm 灰色仿大理石通体砖;
卫生间:800mm × 800mm 米黄色仿石纹墙砖</td></tr>
<tr><td>5</td><td>天棚工程</td><td colspan="3">架空层:1.2mm 厚木纹转印铝方通格栅 40mm × 60mm 间距 60mm、1.2mm 厚木纹转印铝方通格栅 30mm × 100mm 间距 60mm、1.2mm 厚木纹转印铝方通格栅 100mm × 100mm 间距 60mm、U50 轻钢龙骨、双层 9.5mm 厚石膏板、腻子、涂料;
卫生间:U50 轻钢龙骨、双层 9.5mm 厚石膏板、腻子、涂料</td></tr>
<tr><td>6</td><td>其他装饰工程</td><td colspan="3">隔断:12.0mm 厚钢化玻璃不锈钢金属框玻璃隔断、18.0mm 厚仿木纹专用成品隔断;
装饰柜:350mm × 2 850mm × 3 000mm、650mm × 2 550mm × 2 200mm(宽度 × 高度 × 长度);
其他:20.0mm 厚灰色大理石窗台板、20.0mm 厚灰色大理石洗漱台、6.0mm 厚车边银镜、无障碍卫生间 ϕ40.0mm 不锈钢安全扶手</td></tr>
<tr><td colspan="5">二、通用安装工程概况信息</td></tr>
<tr><td>1</td><td>电气设备安装工程</td><td colspan="3">照明系统:ϕ100mmLED 筒灯、双头斗胆灯、LED 灯带、嵌入式 LED 长条灯、套接紧定式镀锌钢导管、刚性阻燃电线管、开关、插座</td></tr>
<tr><td>2</td><td>消防工程</td><td colspan="3">水灭火系统 – 自动喷水灭火系统:热浸镀锌钢管;
水灭火系统 – 消火栓系统:热浸镀锌钢管、消火栓、灭火器;
火灾自动报警系统:热浸镀锌钢管、铜芯低烟无卤电线 WDZN-BYJ、铜芯低烟无卤聚氯乙烯护套屏蔽软线 WDZN-RYJS、低烟无卤阻燃控制电缆 WDZN-KVV、感温探测器、感烟探测器、消防按钮;
电气火灾监控系统:热浸镀锌钢管、耐火低烟无卤屏蔽双绞线 WDZN-RVSP</td></tr>
<tr><td>3</td><td>给排水工程</td><td colspan="3">—</td></tr>
<tr><td>4</td><td>其他特征</td><td colspan="3">—</td></tr>
</table>

表 3-1-44　幸福学堂工程概况信息

综合概况信息	工程名称	邻里中心 - 幸福学堂	场景类别	未来教育场景
	生活圈标识	15 分钟配套	功能区域面积 /m^2	1 491.20
	其他特征	—		
一、建筑与装饰工程概况信息				
1	门窗工程	门：成品木质门、钢制防火门、有框钢化玻璃平开门（12mm 超白钢化玻璃）		
2	防水工程	楼地面（卫生间）：2.0mm 厚聚合物防水涂料； 内墙面（卫生间）：2.0mm 厚聚合物防水涂料		
3	楼地面装饰工程	教室：750mm × 1 500mm 米黄通体仿大理石大板砖、20.0mm 厚 750mm × 1 500mm 现代米黄大理石、7.0mm 厚仿木纹石塑地板； 卫生间：800mm × 800mm 米黄色仿石纹防滑地砖		
4	内墙及柱面装饰工程	教室：750mm × 1 500mm 现代米黄大理石、18.0mm 成品实木科技木纹饰面板、1.2mm 厚古铜拉丝不锈钢金属板、腻子、涂料； 卫生间：400mm × 800mm 米黄色仿石纹墙砖		
5	天棚工程	教室：1.2mm 厚古铜拉丝不锈钢金属板、U50 轻钢龙骨、双层 9.5mm 厚石膏板、腻子、涂料； 卫生间：U50 轻钢龙骨、双层 9.5mm 厚防水石膏板、腻子、涂料		
6	其他装饰工程	隔断：18.0mm 厚古铜色不锈钢隔断、18.0mm 厚仿木纹专用成品隔断； 护窗栏杆：铝合金栏杆（H=1 100mm）； 服务台：750mm × 900mm × 3 900mm（宽度 × 高度 × 长度）； 其他：20.0mm 厚灰色大理石、20.0mm 厚灰色大理石洗漱台、6.0mm 厚车边银镜、无障碍卫生间 ϕ 40.0mm 不锈钢安全扶手		
二、通用安装工程概况信息				
1	电气设备安装工程	照明系统：ϕ 100mmLED 筒灯、双头斗胆灯、LED 灯带、套接紧定式镀锌钢导管、刚性阻燃电线管、开关、插座		
2	消防工程	水灭火系统 - 自动喷水灭火系统：热浸镀锌钢管； 水灭火系统 - 消火栓系统：热浸镀锌钢管、消火栓、灭火器； 火灾自动报警系统：热浸镀锌钢管、铜芯低烟无卤电线 WDZN-BYJ、铜芯低烟无卤聚氯乙烯护套屏蔽软线 WDZN-RYJS、低烟无卤阻燃控制电缆 WDZN-KVV、感温探测器、感烟探测器、消防按钮； 电气火灾监控系统：热浸镀锌钢管、耐火低烟无卤屏蔽双绞线 WDZN-RVSP		
3	给排水工程	给水系统：衬塑复合钢管、无规共聚聚丙烯管（PP-R 管）； 排水系统：热浸镀锌钢管、涂塑管衬塑复合钢管、硬聚氯乙烯塑料排水管（UPVC 管）； 热水供应系统：薄壁不锈钢管、橡塑保温； 卫生器具安装：坐式大便器、壁挂小便器、台下式洗脸盆、拖把池		
4	其他特征	—		

表 3-1-45 常青学堂工程概况信息

综合概况信息	工程名称	邻里中心 – 常青学堂	场景类别	未来教育场景
	生活圈标识	15 分钟配套	功能区域面积 /m²	200.96
	其他特征	—		
一、建筑与装饰工程概况信息				
1	门窗工程	门：成品木质门、钢制防火门、电子感应门（12.0mm 超白钢化玻璃）		
2	防水工程	楼地面（卫生间）：2.0mm 厚聚合物防水涂料； 内墙面（卫生间）：2.0mm 厚聚合物防水涂料		
3	楼地面装饰工程	教室：750mm × 1 500mm 米黄通体仿大理石大板砖、20.0mm 厚 750mm × 1 500mm 现代米黄大理石、7.0mm 厚仿木纹石塑地板； 卫生间：800mm × 800mm 米黄色仿石纹防滑地砖		
4	内墙及柱面装饰工程	教室：20.0mm 厚 750mm × 1 500mm 现代米黄大理石、18.0mm 厚成品实木科技木纹饰面板、1.2mm 厚古铜拉丝不锈钢金属板、腻子、涂料； 卫生间：400mm × 800mm 米黄色仿石纹墙砖		
5	天棚工程	教室：1.2mm 厚古铜拉丝不锈钢金属板、U50 轻钢龙骨、双层 9.5mm 厚石膏板、腻子、涂料； 卫生间：U50 轻钢龙骨、双层 9.5mm 厚防水石膏板、腻子、涂料		
6	其他装饰工程	隔断：18.0mm 厚仿木纹专用成品隔断； 护窗栏杆：铝合金栏杆（H=1 100mm）； 装饰柜：650mm × 2 550mm × 2 000mm（宽度 × 高度 × 长度）； 服务台：750mm × 900mm × 3 900mm（宽度 × 高度 × 长度）； 其他：20.0mm 厚灰色大理石、20.0mm 厚灰色大理石洗漱台、6.0mm 厚车边银镜、无障碍卫生间 ϕ 40.0mm 不锈钢安全扶手		
二、通用安装工程概况信息				
1	电气设备安装工程	照明系统：ϕ 100mmLED 筒灯、双头斗胆灯、LED 灯带、套接紧定式镀锌钢导管、刚性阻燃管电线、开关、插座		
2	消防工程	水灭火系统 – 自动喷水灭火系统：热浸镀锌钢管； 水灭火系统 – 消火栓系统：热浸镀锌钢管、消火栓、灭火器； 火灾自动报警系统：热浸镀锌钢管、铜芯低烟无卤电线 WDZN-BYJ、铜芯低烟无卤聚氯乙烯护套屏蔽软线 WDZN-RYJS、低烟无卤阻燃控制电缆 WDZN-KVV、感温探测器、感烟探测器、消防按钮； 电气火灾监控系统：热浸镀锌钢管、耐火低烟无卤屏蔽双绞线 WDZN-RVSP		
3	给排水工程	—		
4	其他特征	—		

表 3-1-46　社区卫生服务中心工程概况信息

综合概况信息	工程名称	邻里中心－社区卫生服务中心	场景类别	未来健康场景
	生活圈标识	15 分钟配套	功能区域面积 /m^2	1 230.39
	其他特征	—		
一、建筑与装饰工程概况信息				
1	门窗工程	门：成品木质门、钢制防火门、有框钢化玻璃平开门（12mm 超白钢化玻璃）、电子感应门（12mm 钢化玻璃）		
2	防水工程	楼地面（卫生间）：2.0mm 厚聚合物防水涂料； 内墙面（卫生间）：2.0mm 厚聚合物防水涂料		
3	楼地面装饰工程	诊疗室：750mm × 1 500mm 米色柔抛大板砖、20.0mm 厚 750mm × 1 500mm 灰色大理石； 卫生间：400mm × 800mm 米黄色仿石纹墙砖、18.0mm 厚成品实木科技木纹饰面板		
4	内墙及柱面装饰工程	诊疗室：600mm × 1 200mm 米白色仿大理石砖、20.0mm 厚 750mm × 1 500mm 现代米黄大理石（干挂）、18.0mm 厚成品实木科技木纹饰面板、18.0mm 厚白色免漆板、1.2mm 厚古铜色不锈钢饰面板、10.0mm 厚白色烤漆玻璃、腻子、涂料； 卫生间：400mm × 800mm 米黄色仿石纹墙砖、1.2mm 厚古铜色不锈钢饰面板		
5	天棚工程	诊疗室：16.0mm 厚 600mm × 1 200mm 矿物纤维复合板、1.2mm 厚古铜色不锈钢饰面板、U50 轻钢龙骨、双层 9.5mm 厚石膏板、腻子、涂料； 走道：15mm 厚哑光白蜂窝铝板、双层 9.5mm 厚石膏板、腻子、涂料； 卫生间：1.2mm 厚 600mm × 600mm 铝扣板		
6	其他装饰工程	隔断：12.0mm 厚钢化玻璃不锈钢金属框玻璃隔断、20.0mm 厚仿木纹专用成品隔断； 护窗栏杆：铝合金栏杆（H=1 100mm）； 装饰柜：350mm × 2 760mm × 3 000mm、600mm × 2 400mm × 900mm、650mm × 800mm × 3 500mm、550mm × 850mm × 2 150mm（宽度 × 高度 × 长度）； 服务台：850mm × 900mm × 3 900mm（宽度 × 高度 × 长度）； 其他：20.0mm 厚灰色大理石窗台板、20.0mm 厚白色人造大理石洗漱台、6.0mm 厚车边银镜、无障碍卫生间 ϕ 40.0mm 不锈钢安全扶手		
二、通用安装工程概况信息				
1	电气设备安装工程	照明系统：ϕ 100mmLED 筒灯、双头斗胆灯、LED 灯带、紫外灯 UV、套接紧定式镀锌钢导管、刚性阻燃电线管、开关、插座		
2	消防工程	水灭火系统－自动喷水灭火系统：热浸镀锌钢管； 水灭火系统－消火栓系统：热浸镀锌钢管、消火栓、灭火器； 火灾自动报警系统：热浸镀锌钢管、铜芯低烟无卤电线 WDZN-BYJ、铜芯低烟无卤聚氯乙烯护套屏蔽软线 WDZN-RYJS、低烟无卤阻燃控制电缆 WDZN-KVV、感温探测器、感烟探测器、消防按钮； 电气火灾监控系统：热浸镀锌钢管、耐火低烟无卤屏蔽双绞线 WDZN-RVSP		

续表 3-1-46

3	给排水工程	给水系统：衬塑复合钢管、无规共聚聚丙烯管（PP-R 管）； 排水系统：热浸镀锌钢管、涂塑管衬塑复合钢管、硬聚氯乙烯塑料排水管（UPVC 管）； 热水供应系统：薄壁不锈钢管、橡塑保温； 卫生器具安装：坐式大便器、壁挂小便器、台下式洗脸盆、拖把池
4	其他特征	—

表 3-1-47　养老服务中心（日间照料中心）工程概况信息

综合概况信息	工程名称	邻里中心 - 养老服务中心（日间照料中心）	场景类别	未来健康场景
	生活圈标识	15 分钟配套	功能区域面积 /m²	6 648.94
	其他特征	—		
一、建筑与装饰工程概况信息				
1	门窗工程	门：成品木质门、钢制防火门、有框钢化玻璃平开门（12.0mm 超白钢化玻璃）、成品木质移门、钢质门		
2	防水工程	楼地面（卫生间）：2.0mm 厚聚合物防水涂料； 内墙面（卫生间）：2.0mm 厚聚合物防水涂料		
3	楼地面装饰工程	房间：750mm × 1 500mm 米黄仿大理石砖、20.0mm 厚 750mm × 1 500mm 现代米黄大理石、20.0mm 厚黄金麻花岗石、2.0mm 厚同质透心米黄塑胶板、45.0mm 厚 600mm × 600mm 防静电地板； 走道：2.0mm 厚同质透心米黄塑胶板、800mm × 800mm 米黄防滑砖； 休息室：2.0mm 厚同质透心米黄塑胶板、800mm × 800mm 米黄防滑砖； 卫生间：600mm × 600mm 米黄色仿木纹墙砖		
4	内墙及柱面装饰工程	房间：20.0mm 厚 750mm × 1 500mm 现代米黄大理石、18.0mm 厚成品实木科技木纹饰面板、18.0mm 厚白色免漆板、1.2mm 厚古铜色不锈钢饰面板、2.0mm 厚 600mm × 1 200mmGKF 抗菌板； 走道：8.0mm 厚 1 200mm × 2 400mm 白色抗菌板、8.0mm 厚 1 200mm × 3 000mm 木纹抗菌板、腻子、涂料； 休息室：18.0mm 厚成品实木科技木纹饰面板、18.0mm 厚白色免漆板、8.0mm 厚 1 200mm × 3 000mm 木纹抗菌板、1.2mm 厚古铜色不锈钢饰面板、1.2mm 厚 50mm 高黑哑光不锈钢踢脚线、腻子、涂料； 卫生间：300mm × 600mm 米黄色仿木纹墙砖		
5	天棚工程	养老服务中心：15.0mm 厚哑光白蜂窝铝板、U50 轻钢龙骨、双层 9.5mm 厚石膏板、腻子、涂料； 走道：15.0mm 厚哑光白蜂窝铝板、双层 9.5mm 厚石膏板、腻子、涂料； 养老服务中心休息室：2.0mm 厚 600mm × 1 200mmGKF 抗菌板、U50 轻钢龙骨、双层 9.5mm 厚石膏板、腻子、涂料； 卫生间：1.2mm 厚 600mm × 600mm 白色哑光铝扣板		

续表 3–1–47

6	其他装饰工程	隔断：20.0mm 厚仿木纹专用成品隔断； 护窗栏杆：铝合金栏杆（H=1 100mm）； 装饰柜：550mm×2 650mm×1 500mm、550mm×2 650mm×900mm、550mm×2 650mm×900mm（宽度 × 高度 × 长度）； 服务台：750mm×1 100mm×4 200mm、750mm×1 100mm×3 600mm（宽度 × 高度 × 长度）； 其他：20.0mm 厚灰色大理石、20.0mm 厚灰色人造大理石洗漱台、6.0mm 厚车边银镜、无障碍卫生间 ϕ 40.0mm 不锈钢安全扶手
二、通用安装工程概况信息		
1	电气设备安装工程	照明系统：ϕ 100mmLED 筒灯、双头斗胆灯、LED 灯带、平板灯、定制集成灯、套接紧定式镀锌钢导管、刚性阻燃电线管、开关、插座
2	消防工程	水灭火系统 – 自动喷水灭火系统：热浸镀锌钢管； 水灭火系统 – 消火栓系统：热浸镀锌钢管、消火栓、灭火器； 火灾自动报警系统：热浸镀锌钢管、铜芯低烟无卤电线 WDZN–BYJ、铜芯低烟无卤聚氯乙烯护套屏蔽软线 WDZN–RYJS、低烟无卤阻燃控制电缆 WDZN–KVV、感温探测器、感烟探测器、消防按钮； 电气火灾监控系统：热浸镀锌钢管、耐火低烟无卤屏蔽双绞线 WDZN–RVSP
3	给排水工程	给水系统：衬塑复合钢管、无规共聚聚丙烯管（PP–R 管）； 排水系统：热浸镀锌钢管、涂塑管衬塑复合钢管、硬聚氯乙烯塑料排水管（UPVC 管）； 热水供应系统：薄壁不锈钢管、橡塑保温； 卫生器具安装：坐式大便器、壁挂小便器、洗手盆台下式洗脸盆、拖把池
4	其他特征	—

表 3–1–48　社区食堂工程概况信息

综合概况信息	工程名称	邻里中心 – 社区食堂	场景类别	未来健康场景
	生活圈标识	15 分钟配套	功能区域面积 /m^2	480.87
	其他特征	—		
一、建筑与装饰工程概况信息				
1	门窗工程	门：成品木质门、钢制防火门、有框钢化玻璃平开门（12.0mm 超白钢化玻璃）、电子感应门（12.0mm 超白钢化玻璃门）		
2	防水工程	楼地面（卫生间）：2.0mm 厚聚合物防水涂料； 内墙面（卫生间）：2.0mm 厚聚合物防水涂料		
3	楼地面装饰工程	食堂、厨房：20.0mm 厚 600mm×600mm 黄金麻花岗岩、20.0mm 厚 750mm×1 500mm 现代米黄人造石、800mm×800mm 米黄防滑地砖； 卫生间：600mm×600mm 米黄色防滑地砖		

续表 3-1-48

4	内墙及柱面装饰工程	餐厅、厨房：18.0mm 厚成品实木科技木纹饰面板、18.0mm 厚白色免漆板、1.2mm 厚古铜色不锈钢饰面板、8.0mm 厚 1 200mm × 2 400mm 白色抗菌板、8.0mm 厚 1 200mm × 3 000mm 木纹抗菌板、腻子、涂料； 卫生间：300mm × 600mm 米黄色仿木纹墙砖
5	天棚工程	餐厅、厨房：1.2mm 厚 60mm × 80mm 间距 120mm 仿木纹中空铝方通格栅、双层 9.5mm 厚石膏板、腻子、涂料、1.2mm 厚 600mm × 600mm 铝扣板； 卫生间：1.2mm 厚 600 × 600mm 铝扣板
6	其他装饰工程	隔断：12.0mm 厚钢化玻璃不锈钢金属框玻璃隔断； 护窗栏杆：铝合金栏杆（H=1 100mm）； 装饰柜：350mm × 2 760mm × 3 000mm、600mm × 2 400mm × 900mm、650mm × 800mm × 3 500mm、550mm × 850mm × 2 150mm（宽度 × 高度 × 长度）； 其他：20.0mm 厚灰色大理石、20.0mm 厚白色人造大理石取餐台、6.0mm 厚车边银镜、无障碍卫生间 ϕ 40.0mm 不锈钢安全扶手
二、通用安装工程概况信息		
1	电气设备安装工程	照明系统：ϕ 100mmLED 筒灯、双头斗胆灯、LED 灯带、套接紧定式镀锌钢导管、刚性阻燃电线管、开关、插座
2	消防工程	水灭火系统 – 自动喷水灭火系统：热浸镀锌钢管； 水灭火系统 – 消火栓系统：热浸镀锌钢管、消火栓、灭火器； 火灾自动报警系统：热浸镀锌钢管、铜芯低烟无卤电线 WDZN-BYJ、铜芯低烟无卤聚氯乙烯护套屏蔽软线 WDZN-RYJS、低烟无卤阻燃控制电缆 WDZN-KVV、感温探测器、感烟探测器、消防按钮； 电气火灾监控系统：热浸镀锌钢管、耐火低烟无卤屏蔽双绞线 WDZN-RVSP
3	给排水工程	给水系统：衬塑复合钢管、无规共聚聚丙烯管（PP-R 管）； 排水系统：热浸镀锌钢管、涂塑管衬塑复合钢管、硬聚氯乙烯塑料排水管（UPVC 管）； 热水供应系统：薄壁不锈钢管、橡塑保温； 卫生器具安装：坐式大便器、壁挂小便器、台下式洗脸盆、拖把池
4	其他特征	—

表 3-1-49 党群服务中心工程概况信息

综合概况信息	工程名称	邻里中心 – 党群服务中心	场景类别	未来治理场景
	生活圈标识	15 分钟配套	功能区域面积 /m^2	460.33
	其他特征	—		
一、建筑与装饰工程概况信息				
1	门窗工程	门：成品木质门、钢制防火门、有框钢化玻璃平开门（12.0mm 超白钢化玻璃）、电子感应门（12.0mm 钢化玻璃门）		

续表 3-1-49

2	防水工程	楼地面(卫生间):2.0mm 厚聚合物防水涂料; 内墙面(卫生间):2.0mm 厚聚合物防水涂料
3	楼地面装饰工程	党群服务中心:800mm × 800mm 米黄色抛光砖、750mm × 1 500mm 米黄通体仿大理石大板砖、7.0mm 厚仿木纹石塑地板、20.0mm 厚现代米黄大理石; 卫生间:800mm × 800mm 米黄防滑砖
4	内墙及柱面装饰工程	党群服务中心门厅:20.0mm 厚 750mm × 1 500mm 现代米黄大理石(干挂)、1.2mm 厚古铜色不锈钢饰面板; 党群服务中心:20.0mm 厚 750mm × 1 500mm 现代米黄大理石(干挂)、18.0mm 厚成品实木科技木纹饰面板、18.0mm 厚成品难燃墙布软包、腻子、涂料、1.2mm 厚古铜色不锈钢饰面板; 党建背景墙:10.0mm 厚亚克力 UV 印刷; 卫生间:400mm × 800mm 米黄色仿石纹墙砖
5	天棚工程	党群服务中心:1.2mm 厚 40mm × 120mm 间距 60mm 仿木纹中空铝方通格栅、15.0mm 厚哑光白蜂窝铝板、U50 轻钢龙骨、双层 9.5mm 厚石膏板、腻子、涂料; 卫生间:1.0mm 厚 600mm × 600mm 哑光烤漆铝扣板
6	其他装饰工程	隔断:12.0mm 厚钢化玻璃不锈钢金属框玻璃隔断、18.0mm 厚仿木纹木饰面隔断、20.0mm 厚仿木纹专用成品隔断; 护窗栏杆:铝合金栏杆(H=1 100mm); 装饰柜:450mm × 2 500mm × 3 000mm、350mm × 3 000mm × 2 000mm、650mm × 800mm × 3 500mm、550mm × 850mm × 2 150mm(宽度 × 高度 × 长度); 服务台:850mm × 1 100mm × 2 400mm(宽度 × 高度 × 长度); 其他:20.0mm 厚灰色大理石窗台板、20.0mm 厚白色人造大理石洗漱台、6.0mm 厚车边银镜、无障碍卫生间 ϕ 40.0mm 不锈钢安全扶手
二、通用安装工程概况信息		
1	电气设备安装工程	照明系统:ϕ 100mmLED 筒灯、双头斗胆灯、LED 灯带、套接紧定式镀锌钢导管、刚性阻燃电线管、开关、插座
2	消防工程	水灭火系统 - 自动喷水灭火系统:热浸镀锌钢管; 火灾自动报警系统:热浸镀锌钢管、铜芯低烟无卤电线 WDZN-BYJ、铜芯低烟无卤聚氯乙烯护套屏蔽软线 WDZN-RYJS、低烟无卤阻燃控制电缆 WDZN-KVV、感温探测器、感烟探测器、消防按钮; 电气火灾监控系统:热浸镀锌钢管、耐火低烟无卤屏蔽双绞线 WDZN-RVSP
3	给排水工程	给水系统:衬塑复合钢管、无规共聚聚丙烯管(PP-R 管); 排水系统:热浸镀锌钢管、涂塑管衬塑复合钢管、硬聚氯乙烯塑料排水管(UPVC 管); 热水供应系统:薄壁不锈钢管、橡塑保温; 卫生器具安装:坐式大便器、壁挂小便器、台下式洗脸盆、拖把池
4	其他特征	—

表 3-1-50　社区便民服务中心工程概况信息

综合概况信息	工程名称	邻里中心 - 社区便民服务中心	场景类别	未来治理场景
	生活圈标识	15 分钟配套	功能区域面积 /m^2	866.04
	其他特征	—		
一、建筑与装饰工程概况信息				
1	门窗工程	门:成品木质门、钢制防火门、有框钢化玻璃平开门(12.0mm 超白钢化玻璃)、电子感应门(12.0mm 钢化玻璃门)		
2	防水工程	楼地面(卫生间):2.0mm 厚聚合物防水涂料; 内墙面(卫生间):2.0mm 厚聚合物防水涂料		
3	楼地面装饰工程	服务大厅:7.0mm 厚仿木纹石塑地板、20.0mm 现代米黄大理石; 卫生间:400mm × 800mm 米黄色仿石纹墙砖、18.0mm 厚成品实木科技木纹饰面板		
4	内墙及柱面装饰工程	服务大厅:600mm × 1 200mm 米白色仿大理石砖、750mm × 1 500mm 现代米黄大理石(干挂)、18.0mm 厚成品实木科技木纹饰面板、18.0mm 厚白色免漆板、1.2mm 厚古铜色不锈钢饰面板、腻子、涂料; 卫生间:400mm × 800mm 米黄色仿石纹墙砖、1.2mm 厚古铜色不锈钢饰面板		
5	天棚工程	服务大厅:1.2mm 厚 40 × 120mm 间距 60mm、仿木纹中空铝方通格栅、16.0mm 厚 300mm × 1 200mm 矿物纤维复合板、16.0mm 厚 600mm × 1 200mm 矿物纤维复合板、1.2mm 厚古铜色不锈钢饰面板、U50 轻钢龙骨、双层 9.5mm 厚石膏板、涂料; 卫生间:1.2mm 厚 600mm × 600mm 铝扣板		
6	其他装饰工程	隔断:12.0mm 厚钢化玻璃不锈钢金属框玻璃隔断、18.0mm 厚仿木纹木饰面隔断、20.0mm 厚仿木纹专用成品隔断; 护窗栏杆:铝合金栏杆(H=1 100mm); 装饰柜:450mm × 2 400mm × 1 200mm、350mm × 2 400mm × 2 000mm、550mm × 850mm × 2 500mm、550mm × 850mm × 1 550mm、350mm × 3 000mm × 1 800mm(宽度 × 高度 × 长度); 服务台:750mm × 950mm × 3 800mm(宽度 × 高度 × 长度); 其他:20.0mm 厚灰色大理石窗台板、20.0mm 厚白色人造大理石洗漱台、6.0mm 厚车边银镜、无障碍卫生间 ϕ 40.0mm 不锈钢安全扶手		
二、通用安装工程概况信息				
1	电气设备安装工程	照明系统:ϕ 100mmLED 筒灯、双头斗胆灯、LED 灯带、套接紧定式镀锌钢导管、刚性阻燃电线管、开关、插座		
2	消防工程	水灭火系统 - 自动喷水灭火系统:热浸镀锌钢管; 水灭火系统 - 消火栓系统:热浸镀锌钢管、消火栓、灭火器; 火灾自动报警系统:热浸镀锌钢管、铜芯低烟无卤电线 WDZN-BYJ、铜芯低烟无卤聚氯乙烯护套屏蔽软线 WDZN-RYJS、低烟无卤阻燃控制电缆 WDZN-KVV、感温探测器、感烟探测器、消防按钮;		

续表 3-1-50

2	消防工程	电气火灾监控系统：热浸镀锌钢管、耐火低烟无卤屏蔽双绞线 WDZN-RVSP
3	给排水工程	给水系统：衬塑复合钢管、无规共聚聚丙烯管（PP-R 管）； 排水系统：热浸镀锌钢管、涂塑管衬塑复合钢管、硬聚氯乙烯塑料排水管（UPVC 管）； 热水供应系统：薄壁不锈钢管、橡塑保温； 卫生器具安装：坐式大便器、壁挂小便器、台下式洗脸盆、拖把池
4	其他特征	—

表 3-1-51　未来社区功能区域造价指标表

工程采集类别		功能规模	指标内容			
邻里中心		16 706.08 m^2	门窗工程、防水工程、楼地面装饰工程、内墙及柱面装饰工程、天棚工程、其他装饰工程、电气设备安装工程、消防工程、给排水工程			
序号	未来社区场景	指标组成	场景装饰工程造价指标 /（元 /m^2）			备注
			建筑与装饰	通用安装	合计	
1	未来邻里场景	社区礼堂	1 359.64	288.73	1 648.37	
2		邻里共享空间	632.54	182.05	814.59	
3	未来教育场景	幸福学堂	786.72	257.46	1 044.18	含卫生间
4		常青学堂	796.74	135.83	932.57	
5	未来健康场景	社区卫生服务中心	1 148.51	229.03	1 377.54	
6		养老服务中心（日间照料中心）	1 182.80	298.30	1 481.10	
7		社区食堂	1 293.61	342.97	1 636.58	
8	未来治理场景	党群服务中心	932.32	149.71	1 082.03	
9		社区便民服务中心	738.52	147.25	885.77	

表 3-1-52　造价指标单元分析表（一）

序号	造价单元指标名称	场景装饰工程造价指标 /（元 /m^2）			备注
		社区礼堂	邻里共享空间	幸福学堂	
	功能区域面积 /m^2	1 326.64	4 000.71	1 491.20	
1	建筑与装饰工程	1 359.64	632.54	786.72	
1.1	门窗工程	83.01	18.02	36.42	
1.2	防水工程	9.05	2.67	3.12	

续表 3-1-52

序号	造价单元指标名称	场景装饰工程造价指标 /（元 /m²）			备注
		社区礼堂	邻里共享空间	幸福学堂	
	功能区域面积 /m²	1 326.64	4 000.71	1 491.20	
1.3	楼地面装饰工程	278.20	258.64	207.64	
1.4	内墙及柱面装饰工程	446.05	86.01	178.66	
1.5	天棚工程	237.36	205.48	217.52	
1.6	其他装饰工程	296.52	51.78	133.67	
1.7	施工技术措施	9.45	9.94	9.69	
2	通用安装工程	288.73	182.05	257.46	
2.1	电气设备安装工程	118.43	108.56	87.03	
2.2	消防工程	47.85	52.43	49.35	
2.3	给排水工程	119.25	18.98	118.66	
2.4	施工技术措施	3.20	2.08	2.42	

表 3-1-53 造价指标单元分析表（二）

序号	造价单元指标名称	场景装饰工程造价指标 /（元 /m²）			备注
		常青学堂	社区卫生服务中心	养老服务中心（日间照料中心）	
	功能区域面积 /m²	200.96	1 230.39	6 648.94	
1	建筑与装饰工程	796.74	1 148.51	1 182.80	
1.1	门窗工程	36.42	65.04	77.37	
1.2	防水工程	3.12	6.74	15.19	
1.3	楼地面装饰工程	211.46	285.57	256.61	
1.4	内墙及柱面装饰工程	173.77	329.77	399.75	
1.5	天棚工程	216.83	248.83	254.75	
1.6	其他装饰工程	145.45	202.47	168.77	
1.7	施工技术措施	9.69	10.09	10.36	
2	通用安装工程	135.83	229.03	298.30	
2.1	电气设备安装工程	87.06	112.43	121.55	
2.2	消防工程	46.35	51.29	49.72	
2.3	给排水工程	—	63.17	122.55	
2.4	施工技术措施	2.42	2.14	4.48	

表 3–1–54　造价指标单元分析表（三）

序号	造价单元指标名称	场景装饰工程造价指标 /（元 /m²）			备注
		社区食堂	党群服务中心	社区便民服务中心	
	功能区域面积 /m²	480.87	460.33	866.04	
1	建筑与装饰工程	1 293.61	923.32	738.52	
1.1	门窗工程	97.01	37.07	65.18	
1.2	防水工程	9.33	13.31	6.91	
1.3	楼地面装饰工程	230.92	222.36	197.50	
1.4	内墙及柱面装饰工程	376.65	259.38	198.28	
1.5	天棚工程	257.76	185.89	159.83	
1.6	其他装饰工程	312.06	195.36	100.52	
1.7	施工技术措施	9.88	9.95	10.30	
2	通用安装工程	342.97	149.71	147.25	
2.1	电气设备安装工程	112.10	59.13	52.65	
2.2	消防工程	97.53	47.74	48.37	
2.3	给排水工程	130.09	40.26	43.84	
2.4	施工技术措施	3.25	2.58	2.39	

六、某未来社区项目（六）

某未来社区项目（六）概况和造价指标见表 3–1–55~ 表 3–1–64。

表 3–1–55　项目概况信息

项目名称	某未来社区项目		
未来社区类型	☑新建　□旧改 ☑引领　□普惠	受益居民 / 人	6 000
建设地点	某市某区	质量要求	合格
资金来源	国有资金投资	承发包模式	工程总承包
项目性质	☑新建　□改建　□扩建	绿色建筑等级	一星级
功能规模 /m²	2 184.65	计价方式	国标清单计价
造价类别	招标控制价	计价依据	2018 版计价依据
编制基期	2023 年 7 月	工程造价 / 万元	242.928 6
造价指标 /（元 /m²）	1 111.98		
其他说明	1. 本项目包括未来邻里、未来教育、未来健康、未来治理四个场景，含邻里共享空间、共享书房、社区卫生服务中心、社区食堂、党群服务中心、社区便民服务中心等场景功能空间； 2. 本项目不含建筑智能化、通风空调、厨房设备、卫生医疗设施等		

表 3-1-56　邻里共享空间工程概况信息

综合概况信息	工程名称	邻里中心 – 邻里共享空间	场景类别	未来邻里场景
	生活圈标识	15 分钟配套	功能区域面积 /m^2	892.18
	其他特征	本工程邻里共享空间为室内空间		
一、建筑与装饰工程概况信息				
1	门窗工程	门：成品木质门、铝合金地弹簧平开门（12.0mm 超白钢化玻璃）		
2	防水工程	楼地面（卫生间）：2.0mm 厚聚合物防水涂料； 内墙面（卫生间）：2.0mm 厚聚合物防水涂料		
3	楼地面装饰工程	大厅、活动室：800mm × 800mm 抛光砖； 卫生间：400mm × 400mm 定制防水底盘砖		
4	内墙及柱面装饰工程	大厅、活动室：20.0mm 厚白色大理石（干挂）、8.0mm 厚仿木纹冰火板饰面、腻子、涂料； 文化背景墙：18.0mm 厚成品实木多层免漆板、10.0mm 厚亚克力 UV 印刷； 卫生间：300mm × 600mm 白色哑光防滑瓷砖		
5	天棚工程	大厅、活动室：U50 轻钢龙骨、双层 9.5mm 厚石膏板、腻子、涂料、A 级透光软膜天花； 卫生间：U50 轻钢龙骨、9.5mm 厚防水石膏板、腻子、涂料		
6	其他装饰工程	服务台：600mm × 900mm × 6 500mm（宽度 × 高度 × 长度）； 护窗栏杆：不锈钢栏杆（H=1 000mm）； 其他：15.0mm 厚灰色成品隔断板、15.0mm 厚灰色无机人造石洗漱台、无障碍卫生间 ϕ 40.0mm 成品尼龙抗菌扶手、6.0mm 厚房雾银镜		
二、通用安装工程概况信息				
1	电气设备安装工程	照明系统：ϕ 200mm 防眩筒灯、ϕ 80mm 防雾筒灯、ϕ 100mm 宽角度射灯、LED 平板灯、开关、插座、LED 灯带、套接紧定式镀锌钢导管、刚性阻燃电线管		
2	消防工程	水灭火系统 – 自动喷水灭火系统：热浸镀锌钢管； 水灭火系统 – 消火栓系统：消火栓箱、热浸镀锌钢管； 火灾自动报警系统：感烟探测器、感温探测器、消防按钮、套接紧定式镀锌钢导管、铜芯低烟无卤聚氯乙烯护套控制电缆 WDZBN–KYJY、铜芯低烟无卤聚氯乙烯绞型软线 WDZCN–RVS； 电气火灾监控系统：套接紧定式镀锌钢导管、耐火低烟无卤屏蔽双绞线 WDZN–RVSP		
3	给排水工程	给水系统：无规共聚聚丙烯管（PP–R 管）、电热小厨宝； 排水系统：硬聚氯乙烯塑料排水管（UPVC 管）； 热水供应系统：薄壁不锈钢管、橡塑保温； 卫生器具安装：蹲式大便器、感应式壁挂小便器、无障碍坐式大便器、无障碍感应式壁挂小便器、台下式洗脸盆、无障碍洗脸盆		
4	其他特征	—		

表 3–1–57　共享书房工程概况信息

综合概况信息	工程名称	邻里中心 – 共享书房	场景类别	未来教育场景
	生活圈标识	15 分钟配套	功能区域面积 /m^2	357.05
	其他特征	—		
一、建筑与装饰工程概况信息				
1	门窗工程	门：成品木质门、铝合金地弹簧平开门（12.0mm 超白钢化玻璃）		
2	防水工程	—		
3	楼地面装饰工程	阅览室：800mm × 800mm 抛光地砖； 库房：800mm × 800mm 抛光地砖		
4	内墙及柱面装饰工程	阅览室：8.0mm 厚仿木纹冰火板饰面、20.0mm 厚白色大理石、腻子、涂料； 库房：8.0mm 厚仿木纹冰火板饰面、腻子、涂料		
5	天棚工程	阅览室：U50 轻钢龙骨、双层 9.5mm 厚石膏板、涂料； 库房：U50 轻钢龙骨、双层 9.5mm 厚石膏板、涂料		
6	其他装饰工程	服务台：600mm × 900mm × 3 500mm（宽度 × 高度 × 长度）； 书柜：500mm × 2 500mm × 3 800mm（宽度 × 高度 × 长度）； 窗帘：单层棉麻难燃遮光卷帘		
二、通用安装工程概况信息				
1	电气设备安装工程	照明系统：ϕ 200mm 防眩筒灯、ϕ 100mm 宽角度射灯、LED 平板灯、开关、插座、LED 灯带、套接紧定式镀锌钢导管、刚性阻燃电线管		
2	消防工程	水灭火系统 – 自动喷水灭火系统：热浸镀锌钢管； 水灭火系统 – 消火栓系统：消火栓箱、热浸镀锌钢管； 火灾自动报警系统：感烟探测器、感温探测器、消防按钮、套接紧定式镀锌钢导管、铜芯低烟无卤聚氯乙烯护套控制电缆 WDZBN–KYJY、铜芯低烟无卤聚氯乙烯绞型软线 WDZCN–RVS； 电气火灾监控系统：套接紧定式镀锌钢导管、耐火低烟无卤屏蔽双绞线 WDZN–RVSP		
3	给排水工程	—		
4	其他特征	—		

表 3-1-58 社区卫生服务中心工程概况信息

<table>
<tr><td rowspan="3">综合概况信息</td><td>工程名称</td><td>日间照料中心 - 社区卫生服务中心</td><td>场景类别</td><td>未来健康场景</td></tr>
<tr><td>生活圈标识</td><td>15 分钟配套</td><td>功能区域面积 /m²</td><td>189.67</td></tr>
<tr><td>其他特征</td><td colspan="3">—</td></tr>
<tr><td colspan="5">一、建筑与装饰工程概况信息</td></tr>
<tr><td>1</td><td>门窗工程</td><td colspan="3">门：成品木质门、铝合金地弹簧平开门（12.0mm 超白钢化玻璃）；
窗：铝合金固定窗（10.0mm 钢化玻璃）</td></tr>
<tr><td>2</td><td>防水工程</td><td colspan="3">楼地面（卫生间）：1.5mm 厚聚合物防水涂料；
内墙面（卫生间）：1.5mm 厚聚合物防水涂料</td></tr>
<tr><td>3</td><td>楼地面装饰工程</td><td colspan="3">服务站：10.0mm 厚 800mm × 800mm 白色仿水磨石防滑地砖；
门诊室：2.0mm 厚地胶板；
卫生间：600mm × 600mm 浅灰色仿大理石地砖</td></tr>
<tr><td>4</td><td>内墙及柱面装饰工程</td><td colspan="3">服务站：8.0mm 厚医疗板、8.0mm 厚仿木纹冰火板饰面、腻子、涂料；
门诊室：8.0mm 厚仿木纹冰火板饰面、腻子、涂料；
卫生间：600mm × 600mm 浅灰色仿石材瓷砖</td></tr>
<tr><td>5</td><td>天棚工程</td><td colspan="3">服务站：U50 轻钢龙骨、9.5mm 厚双层石膏板；
门诊室：U50 轻钢龙骨、9.5mm 厚双层石膏板；
卫生间：0.8mm 厚 300mm × 300mm 铝扣板</td></tr>
<tr><td>6</td><td>其他装饰工程</td><td colspan="3">走廊扶手：ϕ 50.0mm 医用 PVC 扶手；
装饰柜：500mm × 2 520mm × 3 200mm（宽度 × 高度 × 长度）；
护士台：800mm × 1 000mm × 7 000mm（宽度 × 高度 × 长度）；
药房台柜：900mm × 1 100mm × 6 000mm（宽度 × 高度 × 长度）；
隔断：12.0mm 厚钢化玻璃隔断</td></tr>
<tr><td colspan="5">二、通用安装工程概况信息</td></tr>
<tr><td>1</td><td>电气设备安装工程</td><td colspan="3">照明系统：ϕ 200mm 防眩筒灯、ϕ 80mm 宽角度射灯、LED 灯带、防紫外线灯、LED 平板灯、开关、插座、刚性阻燃电线管、套接紧定式镀锌钢导管</td></tr>
<tr><td>2</td><td>消防工程</td><td colspan="3">水灭火系统 - 自动喷水灭火系统：热浸镀锌钢管；
水灭火系统 - 消火栓系统：消火栓箱、热浸镀锌钢管；
火灾自动报警系统：感烟探测器、感温探测器、消防按钮、套接紧定式镀锌钢导管、铜芯低烟无卤聚氯乙烯护套控制电缆 WDZBN-KYJY、铜芯低烟无卤聚氯乙烯绞型软线 WDZCN-RVS；
电气火灾监控系统：套接紧定式镀锌钢导管、耐火低烟无卤屏蔽双绞线 WDZN-RVSP</td></tr>
<tr><td>3</td><td>给排水工程</td><td colspan="3">给水系统：无规共聚聚丙烯管（PP-R 管）；
排水系统：硬聚氯乙烯塑料排水管（UPVC 管）；
热水供应系统：无规共聚聚丙烯管（PP-R 管）、橡塑保温；
卫生器具安装：15 L 电热水器、双层水斗盆</td></tr>
<tr><td>4</td><td>其他特征</td><td colspan="3">—</td></tr>
</table>

表 3–1–59　社区食堂工程概况信息

综合概况信息	工程名称	日间照料中心 – 社区食堂	场景类别	未来健康场景
	生活圈标识	15 分钟配套	功能区域面积 /m²	104.9
	其他特征	—		
一、建筑与装饰工程概况信息				
1	门窗工程	门：成品木质门、钢制防火门、铝合金地弹簧平开门（12.0mm 超白钢化玻璃）		
2	防水工程	楼地面（餐厅）：1.5mm 厚聚合物防水涂料； 内墙面（餐厅）：2.0mm 厚聚合物防水涂料； 楼地面（卫生间）：2.0mm 厚聚合物防水涂料； 内墙面（卫生间）：2.0mm 厚聚合物防水涂料		
3	楼地面装饰工程	厨房、餐厅：800mm × 800mm 防滑地砖、400mm × 400mm 红缸砖； 卫生间：400mm × 400mm 定制防水底盘砖		
4	内墙及柱面装饰工程	厨房、餐厅：8.0mm 厚仿木纹冰火板、150mm × 300mm 瓷砖、腻子、涂料； 卫生间：300mm × 600mm 白色哑光防滑瓷砖		
5	天棚工程	厨房、餐厅：U50 轻钢龙骨、9.5mm 厚双层防水石膏板、0.8mm 厚 50mm × 120mm 间距 100mm 仿木纹铝方通格栅； 卫生间：U50 轻钢龙骨、9.5mm 厚防水石膏板、腻子、涂料		
6	其他装饰工程	打菜台：800mm × 700mm × 6 550mm（宽度 × 高度 × 长度）； 装饰柜：600mm × 800mm × 3 600mm（宽度 × 高度 × 长度）； 收银台：850mm × 700mm × 1 500mm（宽度 × 高度 × 长度）； 其他：20.0mm 厚白色石英石洗漱池、15.0mm 厚灰色成品隔断板、6.0mm 厚防雾银镜		
二、通用安装工程概况信息				
1	电气设备安装工程	照明系统：ϕ200mm 防眩筒灯、ϕ200mm 防雾筒灯、ϕ80mm 宽角度射灯、方形射灯、LED 灯带、开关、插座、焊接钢管、套接紧定式镀锌钢导管、刚性阻燃电线管		
2	消防工程	水灭火系统 – 自动喷水灭火系统：热浸镀锌钢管； 水灭火系统 – 消火栓系统：消火栓箱、热浸镀锌钢管； 火灾自动报警系统：感烟探测器、感温探测器、消防按钮、套接紧定式镀锌钢导管、铜芯低烟无卤聚氯乙烯护套控制电缆 WDZBN–KYJY、铜芯低烟无卤聚氯乙烯绞型软线 WDZCN–RVS； 电气火灾监控系统：套接紧定式镀锌钢导管、耐火低烟无卤屏蔽双绞线 WDZN–RVSP		
3	给排水工程	给水系统：无规共聚聚丙烯管（PP–R 管）、电热小厨宝； 排水系统：硬聚氯乙烯塑料排水管（UPVC 管）； 卫生器具安装：无障碍坐式大便器、无障碍感应式壁挂小便器、无障碍洗脸盆、台下式洗脸盆		
4	其他特征	—		

表 3–1–60 党群服务中心工程概况信息

<table>
<tr><td rowspan="3">综合概况信息</td><td>工程名称</td><td>邻里中心 – 党群服务中心</td><td>场景类别</td><td>未来治理场景</td></tr>
<tr><td>生活圈标识</td><td>15 分钟配套</td><td>功能区域面积 /m²</td><td>173.19</td></tr>
<tr><td>其他特征</td><td colspan="3">—</td></tr>
<tr><td colspan="5">一、建筑与装饰工程概况信息</td></tr>
<tr><td>1</td><td>门窗工程</td><td colspan="3">门：成品木质门、12.0mm 超白钢化玻璃平开门</td></tr>
<tr><td>2</td><td>防水工程</td><td colspan="3">—</td></tr>
<tr><td>3</td><td>楼地面装饰工程</td><td colspan="3">办公室：18.0mm 厚实木复合地板；
会议室：18.0mm 厚实木复合地板、800mm × 800mm 抛光砖</td></tr>
<tr><td>4</td><td>内墙及柱面装饰工程</td><td colspan="3">办公室：20.0mm 厚成品木饰面、腻子、涂料；
党建背景墙：10.0mm 厚亚克力 UV 印刷；
会议室：8.0mm 厚仿木纹冰火板饰面、腻子、涂料</td></tr>
<tr><td>5</td><td>天棚工程</td><td colspan="3">办公室：U50 轻钢龙骨、12.0mm 厚石膏板、腻子、涂料；
会议室：U50 轻钢龙骨、12.0mm 厚石膏板、腻子、涂料</td></tr>
<tr><td>6</td><td>其他装饰工程</td><td colspan="3">矮柜：450mm × 750mm × 4 800mm（宽度 × 高度 × 长度）；
书柜：450mm × 2 600mm × 3 750mm（宽度 × 高度 × 长度）；
窗帘：白色铝片百叶帘；
其他：白色亚克力透光字</td></tr>
<tr><td colspan="5">二、通用安装工程概况信息</td></tr>
<tr><td>1</td><td>电气设备安装工程</td><td colspan="3">照明系统：ϕ 200mm 防眩筒灯、ϕ 80mm 宽角度射灯、LED 平板灯、LED 灯带、开关、插座、套接紧定式镀锌钢导管、焊接钢管、刚性阻燃电线管</td></tr>
<tr><td>2</td><td>消防工程</td><td colspan="3">水灭火系统 – 自动喷水灭火系统：热浸镀锌钢管；
水灭火系统 – 消火栓系统：消火栓箱、热浸镀锌钢管；
火灾自动报警系统：感烟探测器、感温探测器、消防按钮、套接紧定式镀锌钢导管、铜芯低烟无卤聚氯乙烯护套控制电缆 WDZBN–KYJY、铜芯低烟无卤聚氯乙烯绞型软线 WDZCN–RVS；
电气火灾监控系统：套接紧定式镀锌钢导管、耐火低烟无卤屏蔽双绞线 WDZN–RVSP</td></tr>
<tr><td>3</td><td>给排水工程</td><td colspan="3">—</td></tr>
<tr><td>4</td><td>其他特征</td><td colspan="3">—</td></tr>
</table>

表 3-1-61 社区便民服务中心工程概况信息

综合概况信息	工程名称	邻里中心－社区便民服务中心	场景类别	未来治理场景
	生活圈标识	15 分钟配套	功能区域面积 /m^2	467.66
	其他特征	—		
一、建筑与装饰工程概况信息				
1	门窗工程	门：成品木质门、12.0mm 超白钢化玻璃平开门		
2	防水工程	楼地面（卫生间）：2.0mm 厚聚合物防水涂料； 内墙面（卫生间）：2.0mm 厚聚合物防水涂料		
3	楼地面装饰工程	服务大厅：800mm×800mm 抛光砖； 卫生间：300mm×300mm 定制防水底盘砖		
4	内墙及柱面装饰工程	服务大厅：8.0mm 厚仿木纹冰火板饰面； 文化背景墙：18.0mm 厚成品实木多层免漆板、10.0mm 厚亚克力 UV 印刷； 卫生间：300mm×600mm 白色哑光防滑瓷砖		
5	天棚工程	服务大厅：U50 轻钢龙骨、双层 9.5mm 厚石膏板、腻子、涂料； 卫生间：U50 轻钢龙骨、9.5mm 厚防水石膏板、腻子、涂料		
6	其他装饰工程	装饰柜：450mm×2 600mm×7 550mm（宽度 × 高度 × 长度）； 服务台：800mm×1 050mm×4 500mm（宽度 × 高度 × 长度）； 窗帘：白色铝片百叶帘； 其他：15.0mm 厚灰色成品隔断板、20.0mm 厚大理石洗漱台、6.0mm 厚防雾银镜		
二、通用安装工程概况信息				
1	电气设备安装工程	照明系统：ϕ120mm 防眩筒灯、ϕ200mm 防雾筒灯、ϕ80mm 宽角度射灯、LED 平板灯、LED 灯带、开关、插座、LED 灯带、套接紧定式镀锌钢导管、刚性阻燃电线管		
2	消防工程	水灭火系统－自动喷水灭火系统：热浸镀锌钢管； 水灭火系统－消火栓系统：消火栓箱、热浸镀锌钢管； 火灾自动报警系统：感烟探测器、感温探测器、消防按钮、套接紧定式镀锌钢导管、铜芯低烟无卤聚氯乙烯护套控制电缆 WDZBN-KYJY、铜芯低烟无卤聚氯乙烯绞型软线 WDZCN-RVS； 电气火灾监控系统：套接紧定式镀锌钢导管、耐火低烟无卤屏蔽双绞线 WDZN-RVSP		
3	给排水工程	给水系统：无规共聚聚丙烯管（PP-R 管）、电热小厨宝； 排水系统：硬聚氯乙烯塑料排水管（UPVC 管）； 热水供应系统：薄壁不锈钢管、橡塑保温； 卫生器具安装：无障碍坐式大便器、无障碍感应式壁挂小便器、无障碍洗脸盆、坐式大便器、感应式壁挂小便器、台下式洗脸盆、拖把池		
4	其他特征	—		

表 3–1–62 未来社区功能区域造价指标表

<table>
<tr><td colspan="2">工程采集类别</td><td>功能规模</td><td colspan="4">指标内容</td></tr>
<tr><td colspan="2">邻里中心</td><td>2 184.65 m²</td><td colspan="4">包括门窗工程、防水工程、楼地面装饰工程、内墙及柱面装饰工程、天棚工程、其他装饰工程、电气设备安装工程、消防工程、给排水工程</td></tr>
<tr><td rowspan="2">序号</td><td rowspan="2">未来社区场景</td><td rowspan="2">指标组成</td><td colspan="3">场景装饰工程造价指标 /（元 /m²）</td><td rowspan="2">备注</td></tr>
<tr><td>建筑与装饰</td><td>通用安装</td><td>合计</td></tr>
<tr><td>1</td><td>未来邻里场景</td><td>邻里共享空间</td><td>779.19</td><td>177.22</td><td>956.41</td><td></td></tr>
<tr><td>2</td><td>未来教育场景</td><td>共享书房</td><td>1 029.93</td><td>135.16</td><td>1 165.09</td><td></td></tr>
<tr><td>3</td><td rowspan="2">未来健康场景</td><td>社区卫生服务中心</td><td>1 164.34</td><td>272.09</td><td>1 436.43</td><td></td></tr>
<tr><td>4</td><td>社区食堂</td><td>1 195.21</td><td>439.64</td><td>1 634.85</td><td>含卫生间</td></tr>
<tr><td>5</td><td rowspan="2">未来治理场景</td><td>党群服务中心</td><td>941.86</td><td>117.80</td><td>1 059.66</td><td></td></tr>
<tr><td>6</td><td>社区便民服务中心</td><td>874.11</td><td>264.61</td><td>1 138.72</td><td>含卫生间</td></tr>
</table>

表 3–1–63 造价指标单元分析表（一）

<table>
<tr><td rowspan="3">序号</td><td rowspan="2">造价单元指标名称</td><td colspan="3">场景装饰工程造价指标 /（元 /m²）</td><td rowspan="3">备注</td></tr>
<tr><td>邻里共享空间</td><td>共享书房</td><td>社区卫生服务中心</td></tr>
<tr><td>功能区域面积 /m²</td><td>892.18</td><td>357.05</td><td>189.67</td></tr>
<tr><td>1</td><td>建筑与装饰工程</td><td>779.19</td><td>1 029.93</td><td>1 164.34</td><td></td></tr>
<tr><td>1.1</td><td>门窗工程</td><td>17.80</td><td>11.12</td><td>113.99</td><td></td></tr>
<tr><td>1.2</td><td>防水工程</td><td>12.33</td><td>—</td><td>22.01</td><td></td></tr>
<tr><td>1.3</td><td>楼地面装饰工程</td><td>232.69</td><td>234.51</td><td>266.51</td><td></td></tr>
<tr><td>1.4</td><td>内墙及柱面装饰工程</td><td>145.63</td><td>249.77</td><td>145.08</td><td></td></tr>
<tr><td>1.5</td><td>天棚工程</td><td>281.76</td><td>203.66</td><td>234.26</td><td></td></tr>
<tr><td>1.6</td><td>其他装饰工程</td><td>79.02</td><td>320.85</td><td>372.63</td><td></td></tr>
<tr><td>1.7</td><td>施工技术措施</td><td>9.96</td><td>10.02</td><td>9.86</td><td></td></tr>
<tr><td>2</td><td>通用安装工程</td><td>177.22</td><td>135.16</td><td>272.09</td><td></td></tr>
<tr><td>2.1</td><td>电气设备安装工程</td><td>79.38</td><td>94.32</td><td>109.19</td><td></td></tr>
<tr><td>2.2</td><td>消防工程</td><td>41.62</td><td>38.85</td><td>48.52</td><td></td></tr>
<tr><td>2.3</td><td>给排水工程</td><td>54.23</td><td>—</td><td>112.49</td><td></td></tr>
<tr><td>2.4</td><td>施工技术措施</td><td>1.99</td><td>1.99</td><td>1.89</td><td></td></tr>
</table>

表 3-1-64　造价指标单元分析表（二）

序号	造价单元指标名称	场景装饰工程造价指标 /（元 /m²）			备注
		社区食堂	党群服务中心	社区便民服务中心	
	功能区域面积 /m²	104.9	173.19	467.66	
1	建筑与装饰工程	1 195.21	941.86	874.11	
1.1	门窗工程	131.78	26.31	27.55	
1.2	防水工程	41.31	—	10.69	
1.3	楼地面装饰工程	301.37	235.55	231.17	
1.4	内墙及柱面装饰工程	245.72	193.45	153.85	
1.5	天棚工程	229.37	219.87	200.60	
1.6	其他装饰工程	235.71	256.72	240.23	
1.7	施工技术措施	9.95	9.96	10.02	
2	通用安装工程	439.64	117.80	264.61	
2.1	电气设备安装工程	84.64	78.60	87.36	
2.2	消防工程	57.52	37.66	45.43	
2.3	给排水工程	295.04	—	129.62	
2.4	施工技术措施	2.44	1.54	2.20	

七、某未来社区项目（七）

某未来社区项目概况和造价指标见表 3-1-65~ 表 3-1-74。

表 3-1-65　项目概况信息

项目名称	某未来社区项目		
未来社区类型	☑新建　☐旧改 ☑引领　☐普惠	受益居民 / 人	6 192
建设地点	某市某区	质量要求	合格
资金来源	国有资金投资	承发包模式	工程总承包
项目性质	☑新建　☐改建　☐扩建	绿色建筑等级	二星级
功能规模 /m²	2 535.02	计价方式	国标清单计价
造价类别	招标控制价	计价依据	2018 版计价依据
编制基期	2023 年 7 月	工程造价 / 万元	318.205 4
造价指标 /（元 /m²）	1 255.24		
其他说明	1. 本项目采集了未来邻里、未来教育、未来健康、未来治理四个场景，含社区礼堂、幸福学堂、社区卫生服务中心、社区食堂、党群服务中心、社区便民服务中心等场景功能空间； 2. 本项目不包括场景装饰工程的活动家具、建筑智能化、通风空调等		

表 3-1-66 社区礼堂工程概况信息

<table>
<tr><td rowspan="3">综合概况信息</td><td>工程名称</td><td>邻里中心 - 社区礼堂</td><td>场景类别</td><td>未来邻里场景</td></tr>
<tr><td>生活圈标识</td><td>15 分钟配套</td><td>功能区域面积 /m²</td><td>731.05</td></tr>
<tr><td>其他特征</td><td colspan="3">—</td></tr>
<tr><td colspan="5">一、建筑与装饰工程概况信息</td></tr>
<tr><td>1</td><td>门窗工程</td><td colspan="3">门：成品木质门、定制磨砂玻璃门（12.0mm 超白钢化玻璃）</td></tr>
<tr><td>2</td><td>防水工程</td><td colspan="3">楼地面（卫生间、茶水间）：1.5mm 厚聚合物防水涂料；
内墙面（卫生间、茶水间）：1.5mm 厚聚合物防水涂料</td></tr>
<tr><td>3</td><td>楼地面装饰工程</td><td colspan="3">礼堂：800mm × 800mm 白色拼花地砖；
展览区：2.6mm 厚浅灰色塑胶地板；
办公室：15.0mm 厚灰色织物地毯；
卫生间：600mm × 600mm 米色仿石纹防滑地砖</td></tr>
<tr><td>4</td><td>内墙及柱面装饰工程</td><td colspan="3">礼堂：2.5mm 厚烤漆铝板、1.2mm 厚木饰纹面板、腻子、涂料；
展览区：2.5mm 厚烤漆铝板、1.2mm 厚木饰纹面板、腻子、涂料；
文化背景墙：2.5mm 厚烤漆铝板、15.0mm 厚亚克力 UV 印刷；
办公区：1.2mm 厚木饰纹面板、腻子、涂料；
卫生间：400mm × 800mm 米色仿石纹墙砖</td></tr>
<tr><td>5</td><td>天棚工程</td><td colspan="3">礼堂：U50 轻钢龙骨、双层 9.5mm 厚石膏板、异形水波纹不锈钢板、3.0mm 厚木纹饰面板、腻子、涂料；
展览区：U50 轻钢龙骨、双层 9.5mm 厚石膏板、白色软膜、腻子、涂料；
办公区：U50 轻钢龙骨、双层 9.5mm 厚石膏板、深灰色铝格栅吊顶、腻子、涂料；
卫生间：1.0mm 厚 600mm × 600mm 铝扣板</td></tr>
<tr><td>6</td><td>其他装饰工程</td><td colspan="3">落地造型装置：定制发光落地造型装置；
垂帘：冷轧板木纹面造型垂帘；
导览板：10.0mm 厚亚克力 UV 印刷；
接待台：1 000mm × 950mm × 2 700mm 白色异型造型前台；
其他：灯箱、UV 画面展板、陈列柜（2 700mm × 4 200mm）、发光城市剪影（3 000mm × 2 500mm）、金属格栅隔断（4 000mm × 1 000mm）、造型展示台（4 025mm × 2 360mm）</td></tr>
<tr><td colspan="5">二、通用安装工程概况信息</td></tr>
<tr><td>1</td><td>电气设备安装工程</td><td colspan="3">照明系统：ϕ 200mmLED 嵌入式筒灯、双头 LED 射灯、LED 灯带、开关、插座、焊接钢管、套接紧定式镀锌钢导管、刚性阻燃电线管</td></tr>
<tr><td>2</td><td>消防工程</td><td colspan="3">水灭火系统 - 自动喷水灭火系统：热浸镀锌钢管；
水灭火系统 - 消火栓系统：消火栓箱、灭火器箱、热浸镀锌钢管；
火灾自动报警系统：感烟探测器、感温探测器、消防按钮、套接紧定式镀锌钢导管、铜芯耐火阻燃聚氯乙烯护套控制电缆 NH-KVV、铜芯耐火阻燃聚氯乙烯绞型软线 NH-RVS；
电气火灾监控系统：套接紧定式镀锌钢导管、耐火低烟无卤屏蔽双绞线 WDZN-RVSP</td></tr>
</table>

续表 3-1-66

3	给排水工程	给水系统：衬塑复合钢管、无规共聚聚丙烯管（PP–R 管）； 排水系统：热浸镀锌钢管、涂塑管衬塑复合钢管、硬聚氯乙烯塑料排水管（UPVC 管）； 热水供应系统：衬塑复合钢管、无规共聚聚丙烯管（PP–R 管）、橡塑保温； 卫生器具安装：坐式大便器、感应式壁挂小便器、台下式洗脸盆、拖把池
4	其他特征	—

表 3-1-67 幸福学堂工程概况信息

综合概况信息	工程名称	邻里中心 – 幸福学堂	场景类别	未来教育场景
	生活圈标识	15 分钟配套	功能区域面积 /m^2	258.67
	其他特征	—		
一、建筑与装饰工程概况信息				
1	门窗工程	门：成品木质门、铝合金钢化玻璃平开门（12.0mm 超白钢化玻璃）		
2	防水工程	—		
3	楼地面装饰工程	教室：2.6mm 厚浅灰色塑胶地板； 走道：2.6mm 厚浅灰色拼花塑胶地板； 电子阅览室：600mm × 600mm 防静电地板		
4	内墙及柱面装饰工程	教室：2.5mm 厚烤漆铝板、1.2mm 厚木饰纹面板、腻子、涂料； 走道：2.5mm 厚烤漆铝板、1.2mm 厚香槟色烤漆板展板、腻子、涂料； 电子阅览室：18.0mm 厚仿木纹吸音板、腻子、涂料		
5	天棚工程	教室：U50 轻钢龙骨、双层 9.5mm 厚石膏板、14.0mm 厚 600mm × 600mm 矿棉板、腻子、涂料； 走道：U50 轻钢龙骨、双层 9.5mm 厚石膏板、腻子、涂料； 电子阅览室：U50 轻钢龙骨、18.0mm 厚 600mm × 600mm 矿棉板		
6	其他装饰工程	护窗栏杆：(8+1.4PVB+8）mm 夹胶钢化玻璃栏杆（H=750mm）； 隔断：ϕ 10.0mm 荷叶绿金属圆管格栅； 书柜：450mm × 2 650mm × 3 850mm、450mm × 2 650mm × 3 200mm、450mm × 250mm × 4 400mm（宽度 × 高度 × 长度）； 窗帘：冷轧板木纹面造型垂帘； 其他：智慧讲台 650mm × 900mm × 1 500mm（宽度 × 高度 × 长度）		
二、通用安装工程概况信息				
1	电气设备安装工程	照明系统：ϕ 150mmLED 嵌入式筒灯、双头 LED 射灯、LED 灯带、开关、插座、焊接钢管、套接紧定式镀锌钢导管、刚性阻燃电线管		
2	消防工程	水灭火系统 – 自动喷水灭火系统：热浸镀锌钢管； 火灾自动报警系统：感烟探测器、感温探测器、消防按钮、套接紧定式镀锌钢导管、铜芯耐火阻燃聚氯乙烯护套控制电缆 NH–KVV、铜芯耐火阻燃聚氯乙烯绞型软线 NH–RVS； 电气火灾监控系统：套接紧定式镀锌钢导管、耐火低烟无卤屏蔽双绞线 WDZN–RVSP		
3	给排水工程	—		
4	其他特征	—		

表 3-1-68 社区卫生服务中心工程概况信息

<table>
<tr><td rowspan="3">综合概况信息</td><td>工程名称</td><td>邻里中心 – 社区卫生服务中心</td><td>场景类别</td><td>未来健康场景</td></tr>
<tr><td>生活圈标识</td><td>15 分钟配套</td><td>功能区域面积 /m²</td><td>224.86</td></tr>
<tr><td>其他特征</td><td colspan="3">—</td></tr>
<tr><td colspan="5">一、建筑与装饰工程概况信息</td></tr>
<tr><td>1</td><td>门窗工程</td><td colspan="3">门:成品木质门、铝合金钢化玻璃平开门(12.0mm 超白钢化玻璃)</td></tr>
<tr><td>2</td><td>防水工程</td><td colspan="3">楼地面(卫生间):1.5mm 厚聚合物防水涂料;
内墙面(卫生间):1.5mm 厚聚合物防水涂料</td></tr>
<tr><td>3</td><td>楼地面装饰工程</td><td colspan="3">诊疗区:2.6mm 厚浅灰色塑胶地板;
办公室:15.0mm 厚灰色织物地毯;
卫生间:300mm × 300mm 灰色防滑地砖</td></tr>
<tr><td>4</td><td>内墙及柱面装饰工程</td><td colspan="3">诊疗区:2.0mm 厚 600mm × 1 200mmGKF 抗菌板、腻子、涂料;
办公室:1.2mm 厚木饰纹面板、腻子、涂料;
卫生间:600mm × 600mm 米白色哑光瓷砖</td></tr>
<tr><td>5</td><td>天棚工程</td><td colspan="3">诊疗区:U50 轻钢龙骨、双层 9.5mm 厚石膏板、腻子、涂料;
办公室:U50 轻钢龙骨、双层 9.5mm 厚石膏板、1.2mm 厚 50mm × 100mm 间距 110mm 仿木纹中空铝方通格栅、腻子、涂料;
卫生间:1.0mm 厚 600mm × 600mm 铝扣板</td></tr>
<tr><td>6</td><td>其他装饰工程</td><td colspan="3">灯箱:定制超薄画面灯箱;
雕刻字:650mm × 120mm 白色亚克力雕刻字,内置 LED 发光灯源;
服务接待台:600mm × 900mm × 4 500mm(宽度 × 高度 × 长度);
板桌:400mm × 700mm × 3 150mm(宽度 × 高度 × 长度)定制木结构阻燃多层灰色烤漆板层板桌;
其他:20.0mm 厚灰色大理石洗漱台、6.0mm 厚车边银镜、无障碍卫生间 ϕ 40.0mm 不锈钢安全扶手</td></tr>
<tr><td colspan="5">二、通用安装工程概况信息</td></tr>
<tr><td>1</td><td>电气设备安装工程</td><td colspan="3">照明系统:LED 嵌入式筒灯、双头 LED 射灯、LED 灯带、开关、插座、套接紧定式镀锌钢导管、刚性阻燃电线管</td></tr>
<tr><td>2</td><td>消防工程</td><td colspan="3">水灭火系统 – 自动喷水灭火系统:热浸镀锌钢管;
水灭火系统 – 消火栓系统:消火栓箱、灭火器箱、热浸镀锌钢管;
火灾自动报警系统:感烟探测器、感温探测器、消防按钮、套接紧定式镀锌钢导管、铜芯耐火阻燃聚氯乙烯护套控制电缆 NH–KVV、铜芯耐火阻燃聚氯乙烯绞型软线 NH–RVS</td></tr>
</table>

续表 3-1-68

3	给排水工程	给水系统：衬塑复合钢管、无规共聚聚丙烯管（PP-R 管）； 排水系统：热浸镀锌钢管、涂塑管衬塑复合钢管、硬聚氯乙烯塑料排水管（UPVC 管）； 热水供应系统：衬塑复合钢管、无规共聚聚丙烯管（PP-R 管）、橡塑保温； 卫生器具安装：坐式大便器、感应式壁挂小便器、台下式洗脸盆、拖把池
4	其他特征	—

表 3-1-69 社区食堂工程概况信息

综合概况信息	工程名称	邻里中心 - 社区食堂	场景类别	未来健康场景
	生活圈标识	15 分钟配套	功能区域面积 /m^2	248.56
	其他特征	—		
一、建筑与装饰工程概况信息				
1	门窗工程	门：成品木质门、钢制防火门、铝合金钢化玻璃平开门（12.0mm 超白钢化玻璃）		
2	防水工程	楼地面（卫生间）：1.5mm 厚聚合物防水涂料； 内墙面（卫生间）：1.5mm 厚聚合物防水涂料		
3	楼地面装饰工程	食堂、厨房：600mm × 1 200mm 抛光砖、600mm × 600mm 灰色防滑地砖； 卫生间：600mm × 600mm 灰色防滑地砖		
4	内墙及柱面装饰工程	餐厅、厨房：1 200mm × 2 400mm 白色抗菌板、1 200mm × 3 000mm 木纹抗菌板、腻子、涂料； 卫生间：300mm × 600mm 米黄色仿木纹墙砖		
5	天棚工程	餐厅、厨房：1.2mm 厚 50mm × 100mm 间距 120mm 仿木纹中空铝方通格栅、12.0mm 厚防潮石膏板、腻子、涂料、1.0mm 厚 600mm × 600mm 铝扣板； 卫生间：1.0mm 厚 600 × 600mm 铝扣板		
6	其他装饰工程	隔断：12.0mm 厚钢化玻璃铝合金框玻璃隔断； 护窗栏杆：铝合金栏杆（H=1 100mm）； 取餐台：750mm × 800mm × 4 150mm（宽度 × 高度 × 长度）； 装饰柜：350mm × 2 760mm × 3 000mm、600mm × 2 400mm × 900mm、550mm × 850mm × 1 750mm（宽度 × 高度 × 长度）； 其他：20.0mm 厚米洛斯灰色大理石、6.0mm 厚车边银镜、无障碍卫生间 ϕ 45.0mm 塑料扶手		
二、通用安装工程概况信息				
1	电气设备安装工程	照明系统：防爆灯、ϕ 200mmLED 筒灯、斗胆灯、平板灯、定制集成灯、套接紧定式镀锌钢导管、刚性阻燃电线管、开关、插座		

续表 3-1-69

2	消防工程	水灭火系统 - 自动喷水灭火系统：热浸镀锌钢管； 水灭火系统 - 消火栓系统：热浸镀锌钢管、消火栓、灭火器； 火灾自动报警系统：热浸镀锌钢管、铜芯低烟无卤电线 WDZN-BYJ、铜芯低烟无卤聚氯乙烯护套屏蔽软线 WDZN-RYJS、低烟无卤阻燃控制电缆 WDZN-KVV、感温探测器、感烟探测器、消防按钮； 电气火灾监控系统：热浸镀锌钢管、耐火低烟无卤屏蔽双绞线 WDZN-RVSP
3	给排水工程	给水系统：衬塑复合钢管、无规共聚聚丙烯管（PP-R 管）； 排水系统：热浸镀锌钢管、涂塑管衬塑复合钢管、硬聚氯乙烯塑料排水管（UPVC 管）； 热水供应系统：无规共聚聚丙烯管（PP-R 管）、橡塑保温； 卫生器具安装：坐式大便器、壁挂小便器、台下式洗脸盆、拖把池
4	其他特征	—

表 3-1-70 党群服务中心工程概况信息

综合概况信息	工程名称	邻里中心 - 党群服务中心	场景类别	未来治理场景
	生活圈标识	15 分钟配套	功能区域面积 /m^2	285.66
	其他特征	—		
一、建筑与装饰工程概况信息				
1	门窗工程	门：成品木质门、12.0mm 超白钢化玻璃平开门		
2	防水工程	—		
3	楼地面装饰工程	办公室：15.0mm 厚实木复合地板； 会议室：15.0mm 厚实木复合地板、800mm × 800mm 抛光砖		
4	内墙及柱面装饰工程	办公室：2.0mm 厚仿木纹铝合金板、腻子、涂料； 党建背景墙：15.0mm 厚亚克力 UV 印刷； 会议室：8.0mm 厚仿木纹冰火板、腻子、涂料		
5	天棚工程	办公室：U50 轻钢龙骨、12.0mm 厚石膏板、腻子、涂料； 会议室：U50 轻钢龙骨、12.0mm 厚石膏板、A 级透光软膜天花、腻子、涂料		
6	其他装饰工程	矮柜：450mm × 750mm × 4 250mm（宽度 × 高度 × 长度）； 书柜：450mm × 2 600mm × 3 900mm（宽度 × 高度 × 长度）； 窗帘：冷轧板木纹面造型垂帘； 其他：白色亚克力透光字		
二、通用安装工程概况信息				
1	电气设备安装工程	照明系统：ϕ 80mm 防眩筒灯、ϕ 80mm 宽角度射灯、平板灯、定制集成灯、开关、插座、套接紧定式镀锌钢导管、刚性阻燃电线管		

续表 3-1-70

2	消防工程	水灭火系统 - 自动喷水灭火系统：热浸镀锌钢管； 火灾自动报警系统：感烟探测器、感温探测器、消防按钮、套接紧定式镀锌钢导管、铜芯低烟无卤聚氯乙烯护套控制电缆 WDZBN-KYJY、铜芯低烟无卤聚氯乙烯绞型软线 WDZCN-RVS； 电气火灾监控系统：套接紧定式镀锌钢导管、耐火低烟无卤屏蔽双绞线 WDZN-RVSP
3	给排水工程	—
4	其他特征	—

表 3-1-71　社区便民服务中心工程概况信息

综合概况信息	工程名称	邻里中心 - 社区便民服务中心	场景类别	未来治理场景
	生活圈标识	15 分钟配套	功能区域面积 /m^2	786.22
	其他特征	—		
一、建筑与装饰工程概况信息				
1	门窗工程	门：成品木质门、12.0mm 超白钢化玻璃平开门		
2	防水工程	楼地面（卫生间）：1.5mm 厚聚合物防水涂料； 内墙面（卫生间）：1.5mm 厚聚合物防水涂料		
3	楼地面装饰工程	服务大厅：800mm × 800mm 米色抛光砖； 办公室：15.0mm 厚实木复合地板； 卫生间：300mm × 300mm 木纹色防滑地砖		
4	内墙及柱面装饰工程	服务大厅：8.0mm 厚仿木纹冰火板饰面； 办公室：20.0mm 厚成品木饰面、腻子、涂料； 卫生间：300mm × 600mm 白色哑光防滑瓷砖		
5	天棚工程	服务大厅：U50 轻钢龙骨、双层 9.5mm 厚石膏板、A 级透光软膜天花、腻子、涂料； 办公室：U50 轻钢龙骨、双层 9.5mm 厚石膏板、腻子、涂料； 卫生间：U50 轻钢龙骨、双层 9.5mm 厚防水石膏板、腻子、涂料		
6	其他装饰工程	装饰柜：450mm × 2 600mm × 7 550mm（宽度 × 高度 × 长度）； 服务台：800mm × 1 050mm × 4 500mm（宽度 × 高度 × 长度）； 窗帘：冷轧板木纹面造型垂帘； 其他：15.0mm 厚灰色成品隔断板、20.0mm 厚大理石洗漱台、6.0mm 厚防雾银镜		
二、通用安装工程概况信息				
1	电气设备安装工程	照明系统：ϕ 80mm 防眩筒灯、ϕ 80mm 防雾筒灯、ϕ 80mm 宽角度射灯、LED 平板灯、开关、插座、LED 灯带、套接紧定式镀锌钢导管、刚性阻燃电线管		

续表 3-1-71

2	消防工程	水灭火系统 - 自动喷水灭火系统：热浸镀锌钢管； 火灾自动报警系统：感烟探测器、感温探测器、消防按钮、套接紧定式镀锌钢导管、铜芯低烟无卤聚氯乙烯护套控制电缆 WDZBN-KYJY、铜芯低烟无卤聚氯乙烯绞型软线 WDZCN-RVS； 电气火灾监控系统：套接紧定式镀锌钢导管、耐火低烟无卤屏蔽双绞线 WDZN-RVSP
3	给排水工程	给水系统：无规共聚聚丙烯管（PP-R 管）； 排水系统：硬聚氯乙烯塑料排水管（UPVC 管）； 热水供应系统：无规共聚聚丙烯管（PP-R 管）、橡塑保温； 卫生器具安装：无障碍坐式大便器、无障碍感应式壁挂小便器、无障碍洗脸盆、坐式大便器、感应式壁挂小便器、台下式洗脸盆、拖把池
4	其他特征	—

表 3-1-72　未来社区功能区域造价指标表

工程采集类别		功能规模	指标内容			
邻里中心		1 214.58 m^2	门窗工程、防水工程、楼地面装饰工程、内墙及柱面装饰工程、天棚工程、其他装饰工程、电气设备安装工程、消防工程、给排水工程			
序号	未来社区场景	指标组成	场景装饰工程造价指标 /（元 /m^2）			备注
			建筑与装饰	通用安装	合计	
1	未来邻里场景	社区礼堂	1 204.84	279.83	1 484.67	
2	未来教育场景	幸福学堂	766.20	175.82	942.02	
3	未来健康场景	社区卫生服务中心	1 093.51	283.46	1 376.97	
4		社区食堂	1 258.51	424.33	1 682.84	
5	未来治理场景	党群服务中心	884.23	132.82	1 017.05	
6		社区便民服务中心	780.75	255.31	1 036.06	含卫生间

表 3-1-73　造价指标单元分析表（一）

序号	造价单元指标名称	场景装饰工程造价指标 /（元 /m^2）			备注
		社区礼堂	幸福学堂	社区卫生服务中心	
	功能区域面积 /m^2	**731.05**	**258.67**	**224.86**	
1	装饰工程	1 204.84	766.20	1 093.51	
1.1	门窗工程	26.37	26.26	21.33	
1.2	防水工程	10.24	—	25.20	
1.3	楼地面装饰工程	221.46	203.29	259.43	

续表 3–1–73

序号	造价单元指标名称	场景装饰工程造价指标 /（元 /m²）			备注
		社区礼堂	幸福学堂	社区卫生服务中心	
	功能区域面积 /m²	731.05	258.67	224.86	
1.4	内墙及柱面装饰工程	375.68	201.70	274.49	
1.5	天棚工程	210.15	192.55	244.39	
1.6	其他装饰工程	350.59	132.45	258.68	
1.7	施工技术措施	10.35	9.95	9.99	
2	通用安装工程	279.83	175.82	283.46	
2.1	电气设备安装工程	152.59	125.25	128.50	
2.2	消防工程	59.37	48.69	54.37	
2.3	给排水工程	65.22	—	98.23	
2.4	施工技术措施	2.65	1.88	2.36	

表 3–1–74　造价指标单元分析表（二）

序号	造价单元指标名称	场景装饰工程造价指标 /（元 /m²）			备注
		社区食堂	党群服务中心	社区便民服务中心	
	功能区域面积 /m²	248.56	285.66	786.22	
1	建筑与装饰工程	1 258.51	884.23	780.75	
1.1	门窗工程	103.89	19.45	17.66	
1.2	防水工程	33.53	—	7.37	
1.3	楼地面装饰工程	288.12	212.82	201.10	
1.4	内墙及柱面装饰工程	264.63	233.98	218.70	
1.5	天棚工程	297.96	182.31	170.20	
1.6	其他装饰工程	260.40	225.66	155.61	
1.7	施工技术措施	9.98	10.01	10.11	
2	通用安装工程	424.33	132.82	255.31	
2.1	电气设备安装工程	144.51	89.14	82.79	
2.2	消防工程	76.43	42.34	52.52	
2.3	给排水工程	200.95	—	117.80	
2.4	施工技术措施	2.44	1.34	2.20	

第四章

未来社区造价指标动态应用

说　　明

一、未来社区造价指标应用场景包括项目投资估算、方案经济性比选、初步设计概算核验、实施阶段造价数据比对、项目后评价等。

二、未来社区造价指标测算基期为2023年7月。

三、拟建工程的造价可依据本指标,结合建设工程项目特征进行修正,在此基础上按省造价管理机构发布的工程造价综合指数进行价格动态调整。2022—2024年浙江省房屋建筑工程造价综合指数详见表4-1-1。

第一节　房屋建筑工程造价指数

2022—2024 年浙江省房屋建筑工程造价综合指数汇总情况详见表 4–1–1、图 4–1–1。

表 4–1–1　浙江省房屋建筑工程造价综合指数汇总表（2022—2024 年）

年份	1 月	2 月	3 月	4 月	5 月	6 月
2022 年	124.09	124.08	124.57	125.46	124.66	123.48
2023 年	120.15	120.37	120.97	120.30	118.82	118.28
2024 年	118.00	117.87	117.10	116.77	117.17	117.21
年份	**7 月**	**8 月**	**9 月**	**10 月**	**11 月**	**12 月**
2022 年	121.22	120.99	120.61	120.78	120.28	120.37
2023 年	118.00	117.67	117.70	117.51	117.87	118.09
2024 年	116.66	115.66	115.22	116.21		

注：浙江省房屋建筑工程造价综合指数以 2017 年 1 月为基期。

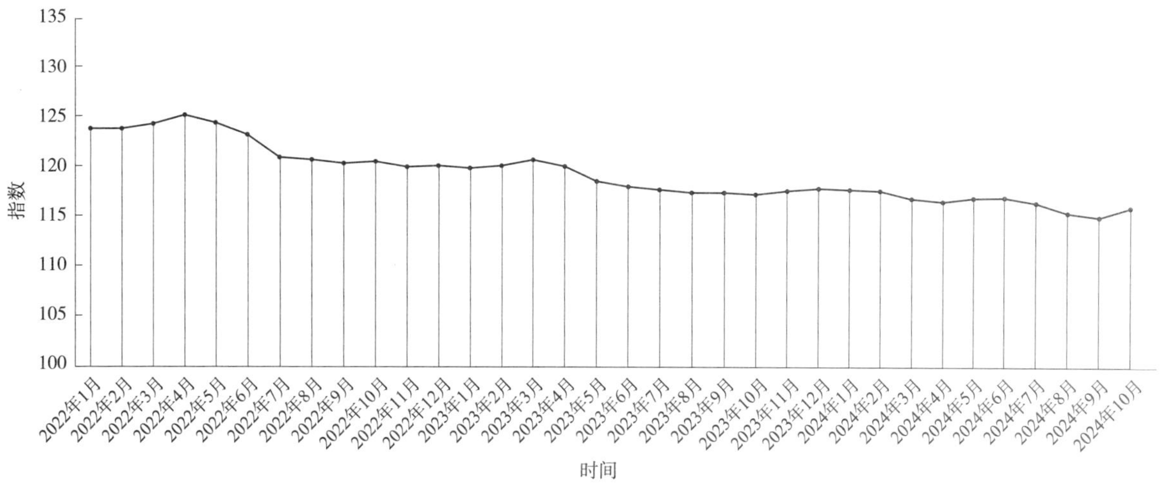

图 4–1–1　2022—2024 年浙江省房屋建筑工程造价综合指数图

第二节　造价指标应用案例

一、背景情况

某城区以旧改模式创建普惠型未来社区，第一期工程集中改造多层住宅和相应物业用房，其中有 3 个单元居民确认加装电梯（半层入户），要求纳入同步实施。初步设计中有室内邻里共享空间场景面积 678.70m^2，带非集成卫生间；党群服务中心场景面积 206.20m^2，不带卫生间；室内文化背景墙装饰面积 80.00m^2；室外健康绿道 372.44m^2。

2024 年 9 月，经市场调研，该项目加装电梯价格按 500 000 元 / 部。其他场景造价采用《浙江省建设工程造价参考指标（二）未来社区场景》对应指标的中值并结合浙江省房屋建筑工程造价综合指数修正。

二、解析

（一）基期造价指标选用

场景工程造价指标可优先根据设计文件和合同条件选用《浙江省建设工程造价参考指标（二）未来社区场景》的相应指标并调整。

（二）计算

计算结果见表 4–2–1。

表 4–2–1　造价指标计算结果

序号	项目名称	计量单位	工程量	金额 / 元		备注
				综合单价	合价	
1	室内邻里共享空间装饰	m^2	678.70	1 000	678 700	
2	党群服务中心装饰	m^2	206.20	1 050	216 510	
3	室内文化背景墙	m^2	80.00	350	28 000	10.0mm 厚
4	室外健康绿道	m^2	372.44	325	121 043	
5	加装电梯	部	3	500 000	1 500 000	半层入户

（三）造价指数调整

《浙江省建设工程造价参考指标（二）未来社区场景》的造价指标编制基期为 2023 年 7 月（造价综合指数为 118），本案例编制期为 2024 年 9 月（造价综合指数为 115.22），依据表 4–1–1《浙江省房屋建筑工程造价综合指数汇总表（2022—2024 年）》进行调整。

价格调整系数 =115.22/118=0.976

该项目修正造价为：

（室内邻里共享空间装饰造价 + 党群服务中心装饰造价 + 室内文化背景墙工程造价 + 室外健康绿道造价）× 价格调整系数 + 加装电梯工程造价 =（678 700+216 510+28 000+121 043）×0.976+1 500 000=2 519 191 元

附　录
未来社区场景相关图示

一、未来邻里场景(附图1、附图2)

孔宏伟 摄

孔宏伟 摄

附图1 文化背景墙

庄建波 摄

庄建波 摄

附图2 邻里共享空间

二、未来教育场景（附图 3~ 附图 6）

孔宏伟 摄

周顺华 摄

附图 3 幼儿园

周顺华 摄

周顺华 摄

周顺华 摄

周顺华 摄

附图 4 托育中心

周顺华　摄

附图 5　幸福学堂、常青学堂

周顺华　摄

周顺华　摄

周顺华　摄

附图 6　共享书房

三、未来健康场景（附图 7~ 附图 11）

周顺华　摄

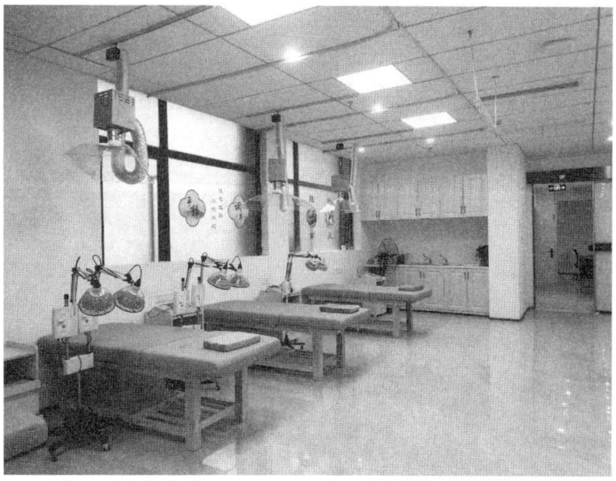

周顺华　摄

周顺华　摄

庄建波　摄

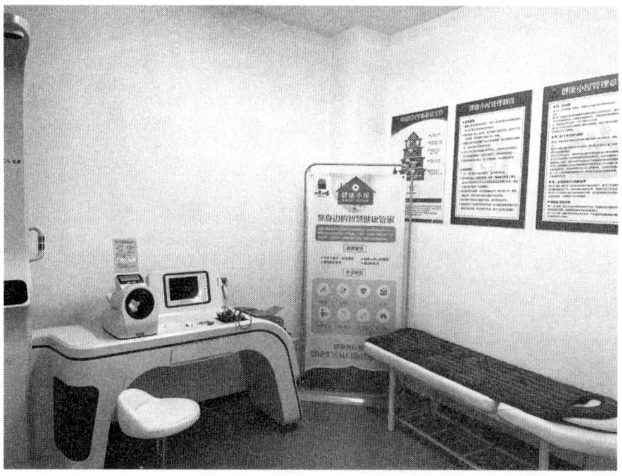

庄建波　摄

附图 7　社区卫生服务中心

庄建波 摄

周顺华 摄

附图8 社区食堂

孔宏伟 摄

孔宏伟 摄

杨沛然 摄

孔宏伟 摄

周顺华　摄

附图 9　绿道

庄建波　摄

附图 10　室内健身场地

庄建波　摄

附图 11　球类场地

四、未来治理场景(附图 12、附图 13)

周顺华　摄

附图 12　党群服务中心

孔宏伟　摄

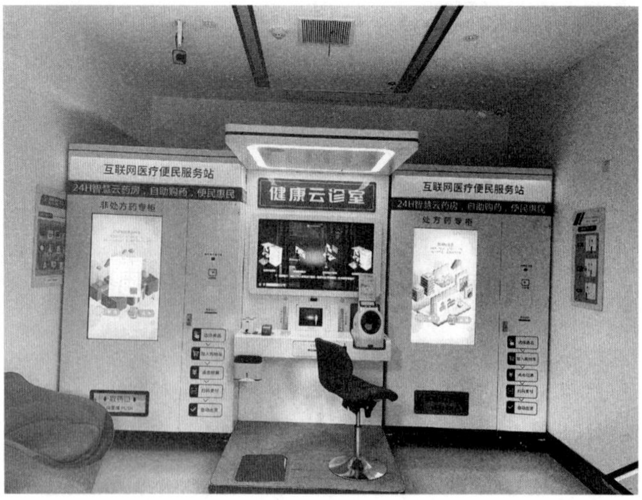

孔宏伟　摄

附图 13　社区便民服务中心

五、未来交通场景（附图 14）

孔宏伟 摄

附图 14 风雨连廊